科学前沿书系

黑洞虫洞简史

陆继宗　著

河北出版传媒集团
河北科学技术出版社

图书在版编目（CIP）数据

黑洞虫洞简史 / 陆继宗著 . -- 石家庄 : 河北科学技术出版社 , 2024.1

（科学前沿书系 / 张端明主编）

ISBN 978-7-5717-1787-2

Ⅰ . ①黑… Ⅱ . ①陆… Ⅲ . ①黑洞—青少年读物 Ⅳ . ① P145.8-49

中国国家版本馆 CIP 数据核字 (2023) 第 174613 号

书　　名： 黑洞虫洞简史

HEIDONG CHONGDONG JIANSHI

陆继宗　著

责任编辑： 胡占杰

责任校对： 张　健

美术编辑： 张　帆

封面设计： 宋双成

版式设计： 景色年华®

出版发行： 河北出版传媒集团　河北科学技术出版社

地　　址： 石家庄市友谊北大街 330 号（邮政编码：050061）

印　　刷： 北京兴星伟业印刷有限公司

开　　本： 710 × 1000　1/16

印　　张： 12.5

字　　数： 165 千字

版　　次： 2024 年 1 月第 1 版

印　　次： 2024 年 1 月第 1 次印刷

书　　号： ISBN 978-7-5717-1787-2

定　　价： 68.00 元

前言

飞天一直是人类的愿望，不论哪个国家、哪个民族都有。在我国早就有夸父逐日、嫦娥奔月等神话传说。然而，在科学技术尚不发达的古代，飞天纯属人们的梦想。随着科学技术的发展，20世纪初飞机的出现让人类实现了飞天梦想的第一步，但这时人类仍未挣脱地球引力的束缚。到了1957年，苏联第一颗人造卫星上天，开创了人类航天事业的新纪元。随着1969年美国人阿姆斯特朗登上月球，人类对宇宙的探索迈出了坚实的一步。从此，人类开始了可以挣脱地球引力进入太阳系，甚至脱离太阳系、银河系进入到探索宇宙深处的时代。

本书为读者介绍的就是科学家们对宇宙深处神秘天体黑洞和虫洞的探索。

那么，黑洞和虫洞究竟是什么呢？简单来说，黑洞是一类质量特别大、密度特别高、引力特别强的天体，任何物体只要从它的近旁经过，进入它的引力范围，就会被它无情地吞噬掉，永远不能从那里逃脱，就连光线也不例外，这一区域就成了宇宙中一个完全“黑”的区域。

黑洞不断吞噬其他物体，它的质量就会不断增加，而且物质一旦落入黑洞，就永远不能逃脱它的魔掌。这样就形成了一种循环：黑洞吸收其他物质愈多，质量就愈大、引力也愈强，愈加能吞噬到更多的物质。这样一来，一个黑洞就会愈来愈大。如此反复循环，一个微小的黑洞会变得极其巨大，大到可以吞噬整个宇宙，这是一幅多么可怕的图像呀！

那么，黑洞真的会吞噬整个宇宙吗？

幸运的是，科学家们认为，黑洞在吞噬其他物质使自己不断变大的过程中，也在“减肥”！科学家们把这个过程叫做“黑洞蒸发”。感谢上帝！多亏有了“黑洞蒸发”，我们的宇宙才不会最终被黑洞吞噬！

虫洞又是怎样的一种天体呢?

虫洞一词最早是奥地利物理学家弗莱姆在 1916 年首次提出的。宇宙间的虫洞是指在两个不同的宇宙之间，可以有一条像蚯蚓一样打出来的隧道，这就是虫洞本来的意思。通过虫洞这个“星际之门”可以缩短通往遥远宇宙的距离。

不但宇宙与宇宙间有虫洞，宇宙内部也有虫洞。宇宙中的虫洞是指由于时空的高度弯曲，在宇宙中相距甚远的两点可以有一个虫洞把它们连接起来。这样就开辟了一条宇宙旅行的可能捷径！通过虫洞这个“星际之门”可以大大缩短通往遥远宇宙深处的距离，实现宇宙飞行的梦想。

尽管有关宇宙、黑洞、虫洞的理论或模型，科学家们尚有许多不清楚的地方，但现在科学家们了解到的宇宙或许是对宇宙的真实描述。随着时间的推移，新的观测事实的积累以及像牛顿、爱因斯坦这样伟大科学家的出现，人类的宇宙观肯定还会大大地改变，科学本来就是没有什么终极理论的！

陆继宗

2023 年 8 月

目录
Contents

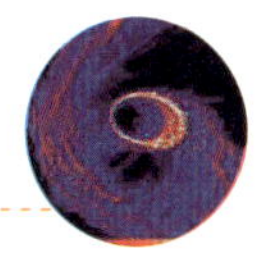

一、从宇宙旅行说起

二、初识黑洞

三、主宰宇宙的引力

四、宇宙信使——电磁波

五、放之宇宙而皆准的热力学体系

六、量子魅影

七、爱因斯坦的奇迹年

八、“船”中方七日，世上已千年

九、宇宙洪荒

十、现代“创世纪”

十一、再谈黑洞

十二、黑洞观测

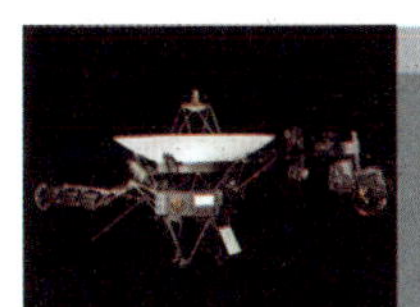

一、从宇宙旅行说起

黑洞、虫洞和宇宙旅行，是现在许多人关注的宇宙探索话题。它们之间的说不清、理还乱，又令人着迷的关系，引发了人们的强烈好奇心。20 世纪 80 年代就有美国物理学家和科普作家把它们写成科幻小说，以此来做一通俗介绍。不过由于小说形式的限制，并不能把此类问题讲得透彻。本书就想对这些大家既陌生又感兴趣的话题做一些较为深入的介绍，讲清它们之间的关系以及来龙去脉。

飞天梦想

先来谈谈宇宙旅行。飞天一直是人类的愿望，不论哪个国家、哪个民族都有。在我国早就有夸父逐日、嫦娥奔月等神话传说。当然，在科学技术尚不发达的古代，飞天纯属梦想。随着科技的发展、工业化程度的提高，飞天才有可能从梦想转变成现实。20 世纪初飞机的出现是人类实现飞天梦想的第一步。40 年代开始出现的以核能和电子计算机为标志的高新科技使得这一过程如虎添翼、迅猛发展，人类从航空进入了航天领域，航天技术已成为高新科技的一个重要方面。1957 年苏联第一颗人造卫星上天开创了人类航天事业的新纪元。

航天与航空虽然都是飞天，但有着本质的不同。航空只是在离地面 10 千米左右的空间内飞行，并没有脱离地球引力的范围；而航天则是脱离了地球引力的飞行，距离地面可以是几百千米、也可以是几万千米。可以脱离地球进入太阳系，甚至脱离太阳系、银河系进入宇宙深处。我们从中学物理中知道有三种宇宙速度：飞行速度到达第一宇宙速度（每秒 7.9 千米）就可以绕地球运行；到达第二宇宙速度（每秒 11.2 千米）就可以摆脱地球引力、飞离地球绕太阳运行；到达第三宇宙速度（每秒 16.7 千米）就可以摆脱太阳引力、不再绕太阳运行，并可飞离太阳系进入银河系。到现在为止，这三种宇宙速度都有飞行器达到。其实还有第四宇宙速度：飞行

旅行者 1 号

速度大于每秒 110 ～ 120 千米，此时就可以脱离银河系的引力而进入外星系。达到第一、第二宇宙速度的已有众多的飞行器，技术已较成熟。达到第三宇宙速度的大概只有两个：旅行者 1 和旅行者 2 号。目前人类还没有实现第四宇宙速度，但本书中所指的宇宙旅行都是要求达到或超过此速度。

我国自从神舟一号飞船于 1999 年 11 月 20 日升空，到 2016 年 10 月 17 日发射的神舟十一号，不多几年就完成了从不载人到载人、实现太空行走、与空间站对接等多项飞跃。作为空间实验站雏形的天宫一号已于 2011 年 9 月 29 日发射升空；天宫二号也于 2016 年 9 月 15 日成功发射，成为正式的空间实验室。2017 年 4 月 20 日发射的天舟一号，成功实现了与天宫二号的对接和分离，真正成为我国第一艘太空货运飞船。2004 年开始的我国探月计划——嫦娥工程亦在顺利实施中：2007 年和 2010 年成功发射了嫦娥一号和嫦娥二号月球卫星，2013 年 12 月 2 日发射的嫦娥三号在月球软着陆成功。为即将登陆月球背面的嫦娥四号做通信中继站的“鹊桥”也已于 2018 年 5 月 21 日发射，成功到达指定的地月 L_2 点。

2018 年 12 月 8 日和 2020 年 11 月 24 日成功发射了嫦娥四号和五号，圆满实现了我国探月工程的“绕、落、回”目标，我国宇航员登上月球已指日可待。

各类深空探测飞行器已经访问了多个太阳系大家庭成员，发回来了大量的信息，获得了许多准确的第一手资料。人类目前正在一步步地走出太阳系，企图闯入更为遥远的宇宙深处。特别值得一提的是旅行者 1 号，它是美国 1977 年 9 月 5 日发射的一个无人外太阳系空间探测器，重 815 千克，截止到目前仍然正常运作。它是离地球最远的人造飞行器，也是第一个离开太阳系的人造飞行器。旅行者 1 号已经探索了太阳顶层，拜访了木星和土星，目前早已突破了太阳系的边缘，并正以每秒 17.062 千米或每小时 61 452 千米的速度飞离太阳系。美国宇航局 NASA 确认，旅行者 1 号脱离太阳系的时间为 2012 年 8 月 25 日。旅行者 1 号携带了一张铜质磁盘唱片，表面镀金，内藏留声机针，厚约 30 厘米。其内容有用 55 种人类语言录制的问候语和各类音乐，问候语为：“行星地球的孩子(向你们)问好”。音乐主要包括地球自然界的各种声音以及 27 首世界名曲，其中有中国古琴曲《流水》、莫扎特的《魔笛》等。此外还包括 115 幅影像：太阳系各行星的图片、人类生殖器官图像及说明等。旅行者 1 号及其携带的唱片无疑极大地表现了人类对宇宙旅行、接触外星人的向往。不明飞行物（UFO）虽然大多是无稽之谈，但也确实增强了我们对宇宙的好奇和对宇宙旅行的执着。

宇宙量度

宇宙浩瀚无比，如果用我们常用的长度单位来计算星星之间的距离，动辄就是多少多少亿亿千米，这就是我们常说的天文数字。于是天文学家就用其他更大的单位来计算宇宙之间的距离，如天文单位（AU）、光年（ly）。1 天文单位就是太阳与地球之间的距离，即 1 天文单位（AU）= 150 000 000 千米。1 光年是光线行走一年的距离，即为 9 460 000 000 000 千米，等于 63 239.8 天文单位。数字后面跟了这么多的 0，使用起来很不方便，

所以数学家创造了一种计数法，叫大数计数法：把多少个 0，写为 10 的多少次方。例如一百万，在数字 1 的后面有 6 个 0，可以写成 10^6。依照这一方法，1 天文单位（AU）=15×10^8 千米，1 光年 =946×10^{12} 千米。

要注意了，光年可是一个长度的单位，而不是时间的单位！天文学中还有一个常用的单位：秒差距（pc），1 秒差距约为 2×10^5 天文单位 =3.26 光年。天文单位和秒差距的关系如下图所示，图中的夹角 p 为 1 秒时，距离 d 即为 1 秒差距。由于秒差距是一个专业性较强的术语，在学术研究中用得较多，在这里就不详细介绍了。

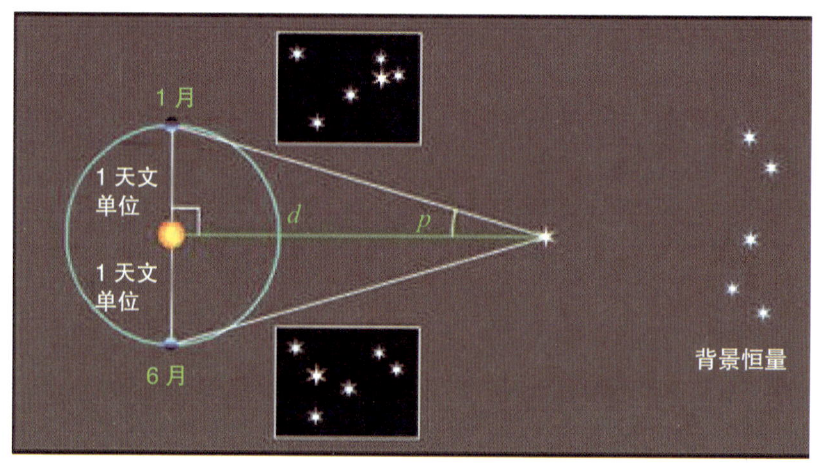

天文单位和秒差距的关系

光年是宇宙学中所用的主要长度单位，例如地球到太阳的距离约为 8 光分（即光行走 8 分钟的路程）；太阳系的大小约为几个光小时；银河系的大小约为 10 万光年；星系团的大小约为几百万光年；而整个宇宙的大小约为 137 亿光年。

离开太阳最近的一颗恒星是半人马座中的比邻星（半人马座 α 三合星的第三颗星），距离太阳约 4.22 光年。旅行者 1 号去探访比邻星，那得花上 73 600 年。由此看来，宇宙旅行似乎是一个根本无法实现的目标。

寿命延长

宇宙旅行能否实现？能够旅行到多远？这取决于两个前提：一是飞

行器的速度能否提高；二是人的寿命能否延长。第一个前提取决于科学技术，我们假定随着科技的进步，速度总是可以提高的。不过对于人的寿命来说就不同了，寿命总是有极限的：100 岁、150 岁，似乎还没有听到有超过 200 岁的老寿星。这样看来宇宙旅行好像真的是实现无望了。

好在天无绝人之路，1905 年爱因斯坦（1879 ～ 1955）提出著名的相对论，使人有了一丝希望。狭义相对论有一些匪夷所思的性质，如高速运动的尺子会变短；高速运动的时钟会变慢；“同时”是相对的等等。高速运动的时钟会变慢，那就意味着高速运动的人寿命就会延长了。由此带来了狭义相对论中一个著名的“孪生子佯谬”问题：有一对孪生子弟兄，哥哥乘宇宙飞船出去“宇宙旅行”，等回到地球上的家中时，他发现弟弟反而比他老了。这样一来宇宙旅行旅途过长、人生苦短的问题似乎就解决了！

其实问题没有这么简单，爱因斯坦的相对论分狭义相对论和广义相对论两种。狭义相对论和广义相对论的翻译并不确切，应翻译成特殊相对论和一般相对论才更确切些。但约定俗成，狭义相对论和广义相对论已被用习惯了，就不去改动它了。“孪生子佯谬”问题在狭义相对论的范围内是无法解决的。相对论，顾名思义就是相对的理论，地球上的弟弟看宇宙飞船中的哥哥会变年轻；宇宙飞船中的哥哥看地球上的弟弟也同样会变得年轻的。那么，当孪生哥哥宇宙旅行回来，究竟是比弟弟年轻还是年长呢？他确实是年轻了，但并不是狭义相对论的效应引起的，而是另一种效应造成的。从地球出发，在宇宙中旅行了一圈，再返回到地球，宇宙飞船在此整个过程中，绝对不可能作的都是匀速直线运动，必然会经历一个加速过程。有了加速过程，狭义相对论就不再适用，必须要用到爱因斯坦的广义相对论。在广义相对论中有一个引力延时效应：在引力场中的时钟会变慢。广义相对论中还有一个等效原理，是说加速系统和引力场是等价的。所以一个人作加速飞行，等同于处于引力场中，由于引力延时效应，寿命的确会变长。

引力牵线

这里出现了在本书中起了关键作用的一个物理概念——引力。引力（或者根据等效原理的加速度）能引起时间延迟、使人类的寿命变长，从而使遥远的宇宙旅行成为可能；引力又是形成黑洞的原因（详见下一部分）。这样一来，引力把本来看似风马牛不相及的黑洞和宇宙旅行两者扯上了关系。卡尔·萨根（1934 ～ 1996）就是看中了这一点，在他的科幻小说《接触（Contact）》中把这两者联系了起来。

萨根是美国著名天文学家、天体物理学家和宇宙学家。他与他人共同创立了美国行星学会，他也是美国航空航天局的顾问，曾为阿波罗登月计划出过力。他为普及天文学和自然科学方面的知识做过不懈的努力，写过不少科普著作和科幻小说。除了《接触》外，还有《魔鬼出没的世界（The Demon–Haunted World）》等。此外，他还是一名电视节目主持人，20 世纪 80 年代他的电视系列节目《宇宙——个人游记》在 60 多个国家里有超过 6 亿人观看。因此被誉为：“物理学家中最出色的大众明星，大众明星当中最出色的物理学家”。

电影《接触未来》的海报

1982 年萨根开始写《接触》一书，描写的是人类与地外文明的交往。书中的主人公艾丽小时候是个无线电迷，长大后成了一名天文学家。她对宇宙中有无其他生命特别感兴趣，一心想找到外太空生命的迹象。果然“上帝不负苦心人”，终于在某一天，她收到来自宇宙深处的一组信号。其中包含了建造一种特殊设备的方法，

这种设备可以让人类与此信号的发送者会面。经过努力，这台设备建成了，艾丽用它穿过一条“捷径”，实现了与地外文明第一次接触。在“捷径”的选择上，萨根最初选用了黑洞。可能是在他看来，黑洞的引力巨大，引力延迟效应大，寿命会延得更长。就这样，萨根的《接触》使黑洞“接触”上了宇宙旅行。

《接触》一出版，就成了畅销书。1997 年根据这部小说拍摄了科幻电影《接触未来》（另有译名《超时空接触》），受到全世界几亿观众的狂热追捧，同时为好莱坞的编导、制片人带来了巨大的票房利益。

地外文明

萨根写小说《接触》，并非只是企图引起读者的好奇而已，他的目的是要探讨除了地球上有人类外，宇宙中的其他地方是否还有高级的智能生命。《接触》中主人公艾丽的父亲有一句名言：“如果人类是宇宙中仅有的生命，那将是‘对空间的一种可怕的浪费’。”说明艾丽的父亲非常希望人类不是宇宙中仅有的生命，其实这也是作者自己的想法。

《接触》是科学家写的科幻小说，因此是一部真正意义上的科幻小说；根据小说改编拍成的电影片《接触未来》也是一部真正意义上的科幻电影。据说有 90% 以上的观众都认为影片内容是真实的、可能的。书中的许多情节都是经过深思熟虑的，尽量做到要有科学根据。例如选择位于天琴座的织女星作为地外智能生命的居住地，就是一例。

织女星就是我们常说的牛郎、织女两颗星中的一颗。天文学上称它是天琴座中的 α 星，是北半球夏季天空中的第二颗亮星，距离地球 253 光年。我国传说中的在七夕与它相会的牛郎星，则是天鹰座的一颗亮星。不要看天空中的牛郎星、织女星在银河的两边，就认为它们近在咫尺，在七夕渡过鹊桥就能相会。其实不要说见面，就是牛郎或织女用手机发一条短信，对方也要在 16 年后才能收到。织女星、牛郎星和天鹅座的天津四这三颗北半球的亮星构成了夏夜天空的一个景观，它们构成了一个标志性的三角形。有兴趣的读者，可在晴朗的夏夜，仰望天空，寻找这

个三角形，从而认识牛郎星、织女星。

与大多恒星与太阳系的距离动辄多少万光年相比，织女星与地球相距只有 25.3 光年，并不算太远。而且不要以为距离 26 光年，就意味着如以光速飞行，还得要花 26 年才能到达那里。其实不然，考虑了广义相对论引力延迟效应，大概只需 6 年时间就能飞抵那里。6 年对于人类的寿命来说还不算太长，因此这样的宇宙飞行是完全有可能完成的。

地外文明是指地球以外的高级智能生命的存在。我们知道宇宙间生物的存在是有条件的：首先温度不能太高，发光、发热的恒星都在时时刻刻发生热核（氢弹）爆炸，所以生物根本无法在恒星上生存。再者，温度太低也不行，宇宙间的温度大都是在零下 270℃左右，高级智能生命也无法生存。此外生命存在还有一些必须依赖的条件，如水、氧气以及碳等化学元素。因此高级智能生命的生存条件是极为苛刻的，不可能在宇宙间到处存在。不会像某些热衷于此道的人想象的那样，不明飞行物经常出没在天空中，频繁光顾地球。只有极少数绕恒星运行，离恒星既不太远又不太近的行星（如地球）才具备生命存在的条件。而织女星有无行星目前尚无定论，因此也就让我们有了遐想的空间。《接触》选择织女星为目的地是有充分的科学根据的。

有无“捷径”

目前速度最快的空间探测器——旅行者 1 号，其速度也只是刚超过第三宇宙速度，仅为每秒 17 千米，远远小于光速每秒 30 万千米。显然按照这样的速度，就算计入引力延迟效应，艾丽还是无法在有生之年到达织女星，所以萨根设想穿过某一“捷径”来达到目的。

上面已提到萨根最初选用的“捷径”是黑洞。1985 年将近完稿时，他对这样的选择是否正确并无把握。于是去征求他的好友基普·索恩的意见。索恩是美国加州理工学院的物理学费曼讲座教授，是一位在引力理论方面颇有造诣的物理学家，他因对引力波的贡献而获得 2017 年的诺贝尔物理学奖。索恩认为选用黑洞作为“捷径”不妥，因为黑洞是一类

质量非常大的天体，任何物体到了它的附近，就会被巨大的引力吸引进去，怎么可能会是宇宙旅行的“捷径”呢？于是建议萨根选用虫洞而不是黑洞作为“捷径”。索恩是一位对虫洞做过认真研究的物理学家，他建议选用虫洞作为“捷径”是有其科学道理的。两位科学家的认真思考，使《接触》有了坚实的科学基础。

萨根根据索恩的建议就把黑洞改成了虫洞。这样一来，黑洞与宇宙旅行刚扯上的关系，又变得没有了。不过它们之间仍然还有一条纽带——引力。至于什么是黑洞、什么是虫洞？选用虫洞作为“捷径”的科学道理是什么？我们会在后面一一介绍。

时空穿越

不过并不是所有的科幻作品都是这样认真、严肃的。有的为了增加趣味性就对科学性不那么严格要求了，例如有关时空穿越题材的一些小说和影视作品就是如此。它们有的单纯为了吸引读者或观众，不顾科学性而生编硬造；有的更是在胡编乱造，误导读者、观众。

时空穿越可使我们回到远古、先秦以及列朝列代，这无疑会引起了读者极大的好奇和向往。好莱坞的编剧、导演和制片商们是不会放过此类吸引观众眼球的题材的，于是出现了大量穿越时空的影视作品。如《终结者》（1984）、《回到未来》（1985）、《亡命感应》（2006）、《超能英雄》（2006）等。我国也不甘寂寞，已拍摄有《古今大战秦俑情》、《寻秦记》以及近期的《穿越时空的爱恋》、《魔幻手机》等影片。大家只要到网上随便用什么搜索引擎去搜索一下，肯定能得到一张长长的此类作品的列表。时下，时空穿越题材的网上小说更是多如牛毛。

一般认为，时空穿越的题材，是在爱因斯坦创建相对论后才出现的。因为在爱因斯坦的狭义相对论中，有一条光速不变原理。认为所有物体，不论它是运动的还是静止的，发出的光都是以光速传播的，而且光速是宇宙中最大的传播速度，超光速的出现就会破坏因果性。于是有人就依据这一原理，进行逆向思维，认为只要超过光速飞行就能返回过去。其

实这种想法并不正确，且不说光速能否超越（至少到目前为止，还没有观察有超光速现象的迹象出现，2011 年在欧洲出现的那场中微子超光速，也只是一个闹剧），即使光速可以超越，你以比光速更快的速度飞行，追上了过去发出的光线，但只是看到了历史上的景象。例如，你可能会看到你父母亲的婚礼，但看到并不等于参与，你只能看到婚礼的景象，但不能参加婚礼。当然像《终结者》描述的那样，回到过去把自己的母亲杀掉，那是更加不可能的了。

其实在爱因斯坦创建相对论的 10 年前，时空穿越就被一个英国作家赫伯特·威尔斯提到了。1895 年威尔斯写了一部科幻小说《时间机器》。书中描写一个发明家发明了一台时间穿梭机，1899 年除夕夜，他乘坐了这台机器开始穿越时间的旅行。不过与大多数现代的时空穿越题材不同，时间穿梭机并不是返回过去，而是相继停在未来的 1917 年、1940 年和 1966 年等时刻，使他看到了自己家人以及家园的变化情景。这部小说的主题并不是单纯娱乐、消遣，而有着深层次的伦理目的。时间穿梭机最后来到了公元 2701 年，这时的地球到处是宫殿式建筑。人类已进化为两类：一类叫埃洛依，是生活在地面上的人，过度追求安逸的生活，他们智力和体能都发生了退化。另一类叫莫洛克，是生活在地下的人类，他们惯于黑暗，辛勤为埃洛依生产各种物品，供埃洛依享用，但却以食埃洛依人为生。《时间机器》的主题是伦理性的，揭示人类社会上的那些好逸恶劳、追求享乐

1895 版《时间机器》封面

的人群，最终将会堕落成从事物质生产人群的口中之物。

《时间机器》可以说是第一部有关时空超越的科幻小说，因此有人认为应该把 1895 年定为科幻小说的起始年。在随后的一百多年里，《时间机器》一再被改编、搬上屏幕。普遍认为《时间机器》是时空穿越类科幻作品的先驱和模板。

“祖母悖论”

如果能够实现时空穿越，那就会出现破坏因果关系的问题。原因在前、结果在后，这就是因果关系。先有父母，后有子女是不言而喻的普通常识。但实现了时空穿越，就会有结果在前、原因在后的不可思议的情景出现。如某人穿越到了过去，遇到了正在怀着他母亲的外祖母，并把她杀害了。那么他（或她）还能出生到世界上来吗？这就是所谓的“祖母悖论”。

由于“祖母悖论”的存在，科学家对时空穿越能否实现意见不一。著名物理学家、宇宙学家斯蒂芬·霍金在他的名著《时间简史》中，对这个问题就相当的谨慎。但后来他一改以前的态度，说：“……现在我放开了。我对时间非常痴迷，如果有一台时光机，我会去见青春期的玛丽莲·梦露；去见把玩望远镜的伽利略。或许我还会走到宇宙的尽头找到我们是如何湮灭的。”

穿越时空后的霍金，正在与牛顿（右）、爱因斯坦（左）一起打牌

那么是什么使霍金的态度发生了改变，变得放开了呢？时空穿越可能吗？“祖母悖论”解决了吗？这些都是科学中的一些大问题，可能也是大家迫切希望了解的。我们在下面的章节中，将会对它们作些说明。介绍物理学的一些引人入胜之处，让大家领略一下牛顿、爱因斯坦、霍金等诸多物理大师的风采。

二、初识黑洞

前面提到了黑洞，那么黑洞是什么？它是如何形成的？为什么会引起人们如此大的兴趣？……相信这一系列的疑问是大家所希望知道的。说实在的，要解释清楚这一系列问题，还真有一定的难度。有些可以在以后的一些章节中解释清楚；有些只能作些近乎名词解释的介绍，要真正搞清其意义，还得等到读者朋友学习了更多、更深的科学知识以后才有可能。下面就从黑洞是什么开始谈起吧。

黑洞是什么

近年来一个非常专业的天文学名词——“黑洞”变成了人尽想用的一个香馍馍，一时间什么财务黑洞、金融黑洞、股市黑洞、采购黑洞、思维黑洞、反腐黑洞……，时髦名词随处可见。一个单位的财物不知流到哪里去了，就称存在财务黑洞；金融巨鳄无情地吸金，就叫金融黑洞；思维上的盲区，就被称为思维黑洞。黑洞更被影视作品的制片商们视作是增加票房收入的法宝，一拥而上拍摄了多部电影、电视剧。在美国单是以黑洞作为片名的就有两部：一部是1979年拍摄的电影，另一部是2006年的电影。前者讲的是一艘宇宙飞船在返回地球时，带回的从黑洞近旁经过时的惊险情节；后者描述了由于粒子加速器出错，意外地产生了一个黑洞，由此给美国城市圣路易斯带来了一场巨大的灾难。其他在片名中含有“黑洞”一词的，更是不胜枚举。我国也有一部收视率很高的以《黑洞》为名的电视剧，不过这是一部反腐倡廉的电视剧。

那么黑洞究竟是什么呢？简单来说，黑洞是一类质量特别大、密度特别高、引力特别强的天体。由于它的质量大、密度高、引力强，任何物体只要从它的近旁经过，进入它的引力范围，就会被它无情地吞噬掉。物质一旦落入这一区域，就永远不能从那里逃脱，就连光线也不例外。

这样一来，这一区域就成了宇宙中一个完全“黑”的区域。这就是把它称作黑洞的原因，现在大家也是在这个意义上使用这一词的。

至于为什么大家会如此热衷于黑洞一词？当然是“黑洞”这个词吸引人，它形象、生动，又有神秘感，容易引起人们的好奇心，吸引人们的眼球，增加票房收入。应该说大家在不同场合使用黑洞一词的意义基本上都是正确的，最多有些不够准确或夸大而已。

既然黑洞不会发出光线，那么我们怎么能观察到它呢？这还得归功于黑洞在吞噬其他物体的过程中发生的另一个现象——发射出 X 射线。根据物理理论，带电物体在运动时，如果速度发生剧烈改变，就会发出 X 射线。我们去医院作胸透时，透视机中发射出的 X 光，就是根据这个原理产生的：X 光管两端的正负极之间加上几万伏的高电压，阴极（灯丝）发出的电子在高电压作用下，高速飞向阳极的途中，打到靶上，突然停下来，速度变到零，于是发出 X 射线。其他物体在黑洞巨大引力吸引下，迅速地掉入其内。在此过程中，掉入的物体会因高速运动而被电离成带正电的原子核和带负电的电子。这些带电粒子在高速奔向黑洞时会发出 X 射线，就是这种 X 射线，使得我们有机会探测到黑洞的存在。不然的话，不能发光的黑洞是不会被我们观察到的。

黑洞候选者 >>>

那么到目前为止，有没有已被观察到的可能的黑洞吗？有！其中最为著名的是天鹅座 X-1，意即天鹅座 1 号射线源。下面的图中的 Deneb 即为前面提到的与织女星、牛郎星构成夏夜天空标志性三角形的天津四（天鹅座 α ）。天鹅座 X-1 就位于天鹅座 η 星的下方，它是一个 X 射线源，这就是说我们看到的并不是一个发光的天体，用光学望远镜是观察不到的，而要用射电望远镜才能接收到那里发出的 X 射线。天鹅座 X-1 距离太阳约 6000 光年，其质量约为太阳的 8.7 倍。由那里发出的强烈 X 射线，判断该处存在一个黑洞。天鹅座 X-1 是目前认为最为可靠的黑洞候选者。

黑洞的候选天体除了天鹅座 X-1 外，常被提到的还有位于银河系中

心人马座的A星和SN1979C等。

人马座是黄道十二星座之一，在日本和我国台湾地区，亦叫射手座。对于喜欢谈论星座的人们来说，对射手座是不会陌生的，他们会说射手座的人乐观、诚实、热情、喜欢挑战但意志薄弱；可能还会说出与哪个星座的人适宜于恋爱、结婚等。其实这都是无稽之谈。黄道十二宫是指太阳在天空中移动的轨道（黄道）上的十二个星座。由每个人的出生月份确定其星座，这无非就是把人分成了12大类，这与中国的生肖并无本质的差别，只不过生肖是按年来分而已。把人分成12类，全世界每个星座或每个生肖的人口数要有好几个亿，好几个亿的人都会有一样的特征，这岂非荒唐。

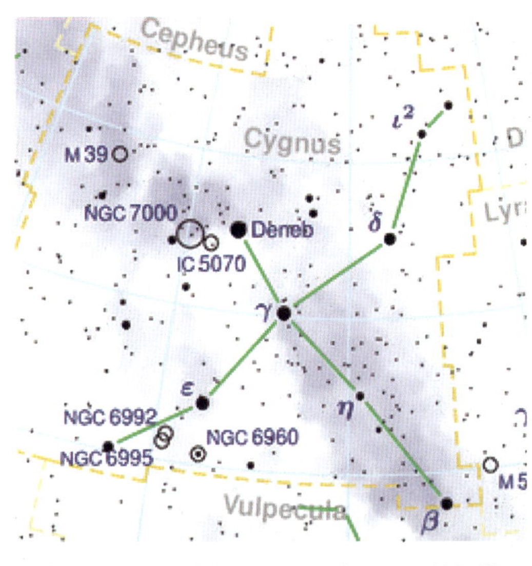

天鹅座（图中的连线形状像一只天鹅）

知道人马座的人不少，但知道人马座A是黑洞候选者的人，那肯定就不多了。

人马座A是人马座中的一个强射电源，由人马座A东星、人马座A西星和人马座A*星三部分组成。现在一般认为在像银河

人马座A

后发座 M100。其中箭头所指处是 SN1979C

系这样星系的中心都会有一个超大质量的黑洞，人马座 A 就是我们太阳系所在的银河系中心这样的一颗超大质量黑洞。

SN 1979C 是位于后发座 M100 星系中的一颗超新星，距离地球约为 5000 万光年。这颗超新星最初是在 1979 年 4 月 19 日被美国一位业余天文爱好者观察到的，后来几乎全世界所有的天文台都对它进行了仔细的观测和研究，发现了那里有一个非常强的射电源。经过长期的观测，这个射电源相当稳定，故天文学家一致公认是一个黑洞。

除了这三个黑洞的候选者外，还有其他不少的可能候选者。现在许多科学家、天文学家认为，不仅银河系的中心有一个大黑洞（人马座 A），其他河外星系的中心，也大多有黑洞存在。近年有报道称，在一些很小的侏儒星系的中心也有黑洞存在，这样一来黑洞候选天体的数量就大大增加了。

黑洞初问世

尽管黑洞自大爆炸、宇宙诞生以来就已经存在了，但在科学发展史上，真正认识黑洞，要到爱因斯坦提出广义相对论以后。尽管在爱因斯坦以前，人们还不知广义相对论为何物，但确实已经有人提出了类似黑洞的概念——“暗星”。“暗”是看不见的意思，“暗星”就是看不见的星星。

最早提出这一概念的是一位英国的牧师兼地理学家约翰·米歇尔(1724 ～ 1793)。1783 年他给当时英国著名的物理学家亨利·卡文迪什（1731 ～ 1810，举世闻名的卡文迪什实验室就是以他的名字命名的）写信说道：“一个和太阳同等质量的天体，如果半径只有 3 千米，那么这个天体是不可见的，因为光无法逃离天体表面。”

无独有偶，1796 年，法国著名的大数学家、天文学家和物理学家拉普拉斯（1749 ～ 1827）也做出了这样的预言：“天空中存在着黑暗的天体，像恒星那样大，或许也像恒星那么多。一个具有与地球同样的密度而直径为太阳 250 倍的明亮星球，它发出的光将被自身的引力拉住而不能被我们观测到。正是由于这个原因，宇宙中最明亮的天体很可能看不见。”他把这样的星星叫作“暗星”。

拉普拉斯在数学领域的成就比比皆是，以他的名字命名的数学名词就有许多，如：拉普拉斯变换、拉普拉斯方程、拉普拉斯算子、拉普拉斯分布、拉普拉斯展开等。然而拉普拉斯不单单是一位数学家，他同时还是一位天文学家、物理学家。《天体力学》和《宇宙系统论》是他的两部天文学巨著，奠定了天体力学以及星云说的数学基础。因此他做出“暗星”的预言是毫不奇怪的。

虽然米歇尔和拉普拉斯提出了“暗星”的概念，但“黑洞”一词的真正问世要等到 1968 年。那一年美国物理学家惠勒（1911 ～ 2008）才第一次使用“黑洞”这个词，并对它做出了严格的定义。顺便提一下，前一章中提到的、建议用虫洞代替黑洞作为宇宙旅行捷径的索恩，就是惠勒培养出的多名著名博士生之一。

这两位黑洞的先驱，不但提出了“暗星”概念，而且还具体推出了“暗星条件”，即一颗星星满足这一条件，它就不能被观察到了。推导“暗星条件”的基本出发点是牛顿的引力理论和光的微粒学说：如果某一星体的引力势能大于光线的动能，那这颗星星就不可能发出光线，因而变成了一颗“暗星”。在今天看来，这两个前提是完全错误的。道理很简单，满足这两个前提时，牛顿的引力理论早已不能使用了。令人惊讶的是，他们推得的结果却与现在根据正确理论推出的结果完全一致。这是一个极其罕见的“前提虽错误，结论却正确”的特例。

“暗星”条件 >>>

“暗星”条件的推导很简单，只要用些初中的数学和物理知识就能推得。所以在这里推导一下，害怕数学的同学不必担心，这是本书的唯一数学推导，而且是非常简单的推导。中学物理告诉我们：一个物体的动能为$\frac{1}{2}mv^2$，式中的 v 和 m 分别是该物体的速度和质量。光的速度为光速 c，它的动能应为$\frac{1}{2}mc^2$。根据牛顿的万有引力定律，某一质量为 M 的星体，其引力势能为 $G\frac{Mm}{r}$。式中 G 为牛顿万有引力常数；m 是被该星体吸引的物体的质量；r 是星体与被它所吸引的物体之间的距离。由此可知，如果引力势能大于光线的动能，即：

$$G\frac{Mm}{r} \geqslant \frac{1}{2}mv^2, \qquad (2,1)$$

那么这束光就发不出去了。由(2,1)式，通过简单的不等式运算即得：

$$r \leqslant \frac{2GM}{c^2}, \qquad (2,2)$$

现在所考虑的是在星体表面发出光线，所以这里的 r 就是该星体的半径。也就是说，如果某一星体的半径和质量满足上式，那么它就不会有光线发射出去，因而变成了一颗“暗星”，上面的第二式也就是所谓的“暗星”条件。注意，这里所说的“暗星”，并不是指发光昏暗的星星，而是根本就不能发光的星星，也就是我们现在所说的黑洞。

“暗星”条件，即以现在的观点来看，无疑也是正确的。但是用来

推导“暗星”条件的两个前提全错了：首先光的动能并不是$\frac{1}{2}mv^2$，因为光是以光速传播的，所以不能用牛顿的力学理论来计算，必须要用相对论性的力学理论来计算，由相对论理论计算的光的动能应是mv^2。其二，由于“暗星”的质量巨大、引力很强，所以也不能用牛顿的引力理论来计算其引力势能，必须用爱因斯坦的广义相对论引力理论来计算。可能是“负负得正”的缘故，阴差阳错地从错误的前提推出了正确的结论。

根据“暗星”条件，就可以很容易地算出如果太阳要成为一颗“暗星”，它的半径就必须要从现在的70万千米缩小到3千米！此时它的密度竟然达到100亿吨/立方厘米（亦即1×10^{16}克/立方厘米，或1亿亿克/立方厘米）。大家知道水的密度只有1克/立方厘米，这也就是说，一个天体要成为一颗“暗星”，其密度至少要是水的1亿亿倍！“暗星”的密度是如此之大，实在难以令人接受。

另外，在19世纪由于光的干涉、衍射等现象的发现，使得光是一种波的观点，即惠更斯创建的光的波动说成了主流理论，牛顿所主张的光的粒子说并不被重视。所以米歇尔和拉普拉斯的“暗星”预言，在当时并没有引起多大的反响，差不多沉寂了一百多年。

史瓦西半径

真正把“暗星”或黑洞的概念提上科学日程上来的，是爱因斯坦提出相对论。1915年12月，在爱因斯坦发表他的广义相对论方程之后的一个月，他收到了德国物理学家卡尔·史瓦西（1873～1916）的一篇文稿。在这篇文稿中，史瓦西求出了球对称情况下爱因斯坦引力场方程的第一个解，并请求爱因斯坦帮助他处理有关发表等事宜。爱因斯坦随即回信给史瓦西：“我怀着极大的兴趣读了你的文章。没有料想到能以如此简洁的方式得这个问题的精确解。我非常喜欢你对这一课题的数学处理。下星期我会把这篇文章连同少许解释呈交科学院。”史瓦西为什么要请求爱因斯坦帮助呢？原来他已经知道自己得了一种不治之症，将不久于人世，因此提请爱因斯坦帮助。

顺便提一下，爱因斯坦这种助人为乐的精神，并非只对像史瓦西这样的已有一定学术地位的科学家才有，对小人物也是如此。例如1924年，一位30岁的印度加尔各答大学物理学系讲师玻色（1894～1974）曾冒昧地给爱因斯坦写了一封信，这个名不见经传的小人物不但请求爱因斯坦帮他发表文章，而且竟然要爱因斯坦帮他把文章翻译成德文！玻色的信是这样写的："我大胆地寄给你一篇文章，供你细读和发表看法。我非常想知道你的观点。……由于德文知识有限，我不能把它翻译成德文。如果你认为此文值得发表，能安排发表在《物理年鉴》上，我将不胜感激。虽然对你来说我是一个完全陌生的人，但是我在做此请求时，没有犹豫。因为我们都是你的小学生，虽然只是通过你的书籍得到你的教益的……"爱因斯坦不但帮玻色把文章投交德国《物理年鉴》，而且还写了一个附注连同原文一起投去。当时爱因斯坦已是一位世界级别的物理大师了，他写了附注的文章，当然全世界随便哪本著名的学术刊物都会争相发表。这篇文章以及爱因斯坦随后撰写的几篇文章创立了一个著名的理论：玻色－爱因斯坦统计。这个理论所预言的一种现象：玻色－爱因斯坦凝聚，在20世纪90年代已经为实验所确证。

注意，这个理论名字中，玻色的名字还放在爱因斯坦的前面。以爱因斯坦的名气和声望，即便是把玻色的名字放在爱因斯坦之后，玻色也会受宠若惊地乐意接受，但爱因斯坦并没有这样做！联想起现在学术界，有的人倚仗自己的名声或地位，就在什么工作也没有做的他人论文上，脸不红、心不跳地署上了自己的大名，而且还要放在第一位等丑陋情景，爱因斯坦的这种乐于帮助与己不相关的他人、积极提携名不见经传的晚辈的甘当伯乐的精神，使他的品格显得更为高尚。

史瓦西也是一位传奇人物，1873年出生于德国法兰克福。16岁时就发表了一篇有关行星轨道的论文，是一位少年天才。1901年史瓦西被聘为哥廷根大学的教授，1909年任职波茨坦天文台。1912年，史瓦西当选普鲁士科学院的会员。就在他功成名就之际，1914年第一次世界大战爆发，出于爱国热情，尽管已年过四旬，他还是参了军，曾任炮兵上尉，

转战西方和东方两条战线。1915 年，在俄国前线的战壕里，他撰写了两篇重要的论文。也就在此时，他患上了一种不治之症，于 1916 年 5 月去世。意识到自己已经病入膏肓，他在与俄国军队作战的前线给爱因斯坦寄去了自己的文稿。

那篇关于相对论研究的论文中，史瓦西给出了相对论引力理论方程（爱因斯坦引力场方程）的一个球对称解，这是该方程的第一个精确解，有着极其重大的科学意义。时至今日，寻找引力场方程的精确解，仍然是一个非常困难也是非常有挑战性的工作。在第一次世界大战的战壕里，能得到这样的成就，实在是匪夷所思。

史瓦西的球对称解中有两个奇点，一个在原点，即 $r=0$ 处；另一个在 $r=r_s$ 处。史瓦西计算得 $r_s=\frac{2GM}{c^2}$，可以看出这与前面推出的暗星条件完全一致，只不过它是完完全全从爱因斯坦广义相对论引力场方程推出来的。因此 r_s 是满足相对论引力理论的“暗星”或黑洞条件，现称 r_s 为史瓦西半径。它的物理意义是：一个质量为 M 的星体，当它的半径小于或等于史瓦西半径 r_s 时，就会成为一个史瓦西奇点（即现在所称的黑洞）。那么，史瓦西半径究竟有多大呢？让我们举一个例子来说明：一个像喜马拉雅山那么重的星体，它的史瓦西半径只有 1 纳米（0. 000 000 001 米）！也就是说，整个一座喜马拉雅山要缩小到 1 纳米才会成为黑洞。

史瓦西半径 r_s 是判断一个星体能否成为一个史瓦西奇点的标准。那么是否所有满足暗星条件的星体，像太阳等星体都会成为史瓦西奇点吗？

太阳会变成黑洞吗

上面提到太阳的半径缩小到 3 千米、喜马拉雅山缩小到 1 纳米就会变成一个黑洞。那么这样的情况会不会发生呢？事实上太阳和喜马拉雅山是永远也不会变为黑洞的，因为它们的质量太小。那么要多重的星体才会变成黑洞呢？

我们知道恒星都是发光、发热的。那么它的发光发热的能量是从哪里来的呢？现代天文学已经知道，在恒星上每时每刻都在发生剧烈的核

聚变，说得通俗一些就是氢弹爆炸，核聚变释放出的核能是恒星发光发热的热量来源。大家一定会问恒星上的核燃料会不会用光呢？当然会！核燃料耗尽之时，就是恒星死亡之日。例如，太阳目前已经消耗了一半核燃料，拟人化地说，它正处在中年。太阳已经生存了约50亿年，因此它还能活50亿年左右，即能继续再为我们发光发热50亿年。50亿年后那才是真正的世界末日！前几年谣传的什么2012年12月21日是世界末日，那是胡扯。50亿年后太阳将会怎么样呢？毫无疑问它会因“衰老”而“死亡”！讲它“衰老”是指它发出的光和热会越来越弱；“死亡”是指它的能量耗尽了，没有能力再发出光和热了。

根据现代天文学中恒星演化理论，任何一颗恒星都有它的“婴儿期”“幼年期”“青年期”“壮年期”以及“衰老、死亡期”等各个阶段。这各个不同的阶段，是根据恒星内部的核燃料耗尽程度来划分的。一般来讲，恒星的质量都很巨大，它自身的引力也很巨大。那么恒星为什么不会被自身的引力压垮呢？原因就在于它每时每刻都在发生核爆炸，核聚变释放出的巨大能量不仅提供了恒星发光发热的能量来源，而且也是抵御自身巨大引力的能量来源。当然抵御自身引力产生的巨大压力的，并不只是热力，其他还有静电排斥力、泡利不相容原理产生的排斥力等（这在后面会作适当的介绍）。由于这些力的存在，使得不同质量的恒星，会在不同的密度时不被进一步压垮、塌缩成这种密度的产物。

宇宙间的物质主要是氢，要占到全部看得见物质的百分之七十以上，恒星的主要成分就是氢。恒星内的核反应最初是氢聚变成氦，氦聚变成锂，然后一步步地聚变成更重的元素。如果恒星的质量不太大，聚变到碳后，就会稳定下来不再聚变了，此时恒星塌缩的残骸就是白矮星。恒星的质量更大，巨大的引力会引发碳进一步发生核反应，如果一步步聚变到镁后不再聚变了，那塌缩的残骸就是中子星。恒星的质量再大，镁进一步聚变，最后的产物是铁时，塌缩的残骸就是黑洞了。白矮星、中子星、黑洞等致密星体就是恒星演化的最后归宿。至于多大质量的恒星演化成白矮星，多大的演化成中子星，多大的演化成黑洞，这就不得不谈到印

度物理学家钱德拉塞卡（1910～1995）了。

1930年，19岁的钱德拉塞卡被英国剑桥大学录取为研究生。在乘船赴英的18天中，摆脱了常规的学习和考试给他戴上的枷锁，使他能随心所欲地思考自己感兴趣的问题——白矮星。在航行的最后几天里，他完成了两篇关于白矮星的著名论文。一篇讨论质量较小的白矮星问题；而在另一篇中，他指出：最终能塌缩成白矮星的恒星，其质量有一个上限，最大不能超过太阳质量的1.4倍。对这个结论，最初连他自己都不相信，更不用说其他人了。因而遭到了许多著名天文学家的抨击，被斥之为“荒谬”。第一篇文章当年就在英国皇家学会的会刊上发表；第二篇整整一年后才在美国的《天体物理学杂志》上发表。这个结论后来被证实是正确的，并被称作钱德拉塞卡极限。

1939年，他出版了《恒星结构研究引论》一书，系统阐述了在这一领域的研究成果。“因为在理论上对恒星结构和演化过程有重要意义的研究”，钱德拉塞卡获得了1983年的诺贝尔物理学奖。50多年后获得的诺贝尔奖桂冠，竟然是源自他赴英去攻读研究生课程旅途中所写的文章！而且还是一篇饱受争议的文章。

太阳的质量在钱德拉塞卡极限以下，所以它寿终正寝时的残骸只能是白矮星。那么超过太阳质量的1.4倍的恒星，它们寿终正寝时残骸又是什么呢？回答这个问题的是美国犹太裔物理学家罗伯特·奥本海默（1904～1967）。奥本海默在美国甚至在全世界都是一位著名人物。在第二次世界大战期间，他曾参加美国制造原子弹的曼哈顿计划，创建了当时负责进行原子弹设计的洛斯阿拉莫斯国立实验室，并领导了原子弹的设计工作。为此他成了美国的英雄，并被誉为美国的原子弹之父。

在参与曼哈顿计划之前，奥本海默是一位理论物理学家，研究领域是理论天体物理，对恒星演化及归宿进行过认真研究。1939年，他发表文章指出：当恒星的质量在太阳质量的1.4倍和3.0倍之间，将会塌缩成一种叫作“中子星”的天体。所谓中子星是这样一种星体：由于巨大的引力，原子也被压缩了，原子外层的电子被压到了原子核里去了，与

原子核里带正电荷的质子相结合，使质子变成了中子。中子星就是完全由中子组成的星体，中子星的密度就是原子核的密度，所以非常高，竟达每立方厘米 10 亿吨。他还指出，当恒星质量大于 3 倍太阳质量时，当它演化到生命末期、寿终正寝时，会塌缩成一种比中子星还要密的、不发光的致密物体——史瓦西奇点。他推出的恒星塌缩为史瓦西奇点的条件，竟然与米歇尔、拉普拉斯以及史瓦西所推得的结果完全相同。值得一提的是：虽然史瓦西奇点是爱因斯坦广义相对论的引力场方程的一个解，但爱因斯坦反倒不同意！1939 年，爱因斯坦在一篇文章中明确表示：他不认为广义相对论的引力理论会预言史瓦西奇点。

3 倍太阳质量被称作奥本海默极限，这是恒星塌缩为黑洞它的质量必须满足的条件。现在通常不分别称钱德拉塞卡极限和奥本海默极限，而是统一称作钱德拉塞卡极限。

还有一类天体，它的质量更小，只有不到太阳质量的千分之几，就连白矮星它们也不会塌缩成。这类天体叫作冷天体，我们太阳系的木星就是这样的星体。

惠勒的定义

前面虽然已经多次使用了黑洞这一词，实际上历史上除用过“暗星”之外，并没有“黑洞”这样一个固定的名称。不同的人在不同的时期，使用不同的表达方式。通常的叫法为“引力完全坍缩的星球”，奥本海默则称之为“史瓦西奇点”。黑洞一词到了 20 世纪 60 年代才出现。第一次使用这个词的人是美国物理学家约翰·惠勒（1911 ～ 2008）。

有趣的是，惠勒是在与奥本海默辩论大质量恒星塌缩后的情况时，创造了“黑洞”这个词。虽然奥本海默认为质量超过 3 倍太阳质量恒星的塌缩产物是一种连光线都不能逃逸的物质。但他的理论是所谓的崩溃理论：这种物质会一直分裂下去，而宇宙空间则会将之包裹起来，最终在其中心形成了一个没有物质的、高度弯曲的空间。惠勒反对这一理论，1958 年在比利时召开的一次国际学术会议上，他驳斥了这一理论。他说：

惠勒在讲学（黑板上左边的英文意为“经典”，右边为“量子”。这张图非常形象地说明了“经典”和“量子”的差别）

“物质怎么竟然可能发展到无物质呢？”“物理规律怎么能违背自己而到达‘无物理’境地呢？”为了更好地说服其他科学家，包括支持奥本海默理论的人，他突然在脑海中冒出了“黑洞”一词。并在1969年的一次演讲中，明确地用黑洞一词取代以前使用的“引力完全坍缩的星球”或史瓦西奇点等名词。“黑洞”这个名字确实形象而又准确地描述了这种巨大恒星塌缩产物的所有特性，从此以后，“黑洞”这个词就被广泛使用。

惠勒对“黑洞”还做出了最为严格的定义：“黑洞”是宇宙中的这样一个区域，由于这个区域的引力是如此之大，以至于任何物质和信息都不能从这一区域传出，所以这一区域看上去是完全黑的。这一定义与我们前面讲的，似乎相差不大，只是把“光线”改成了“信息”。其实不然，把“光线”改成“信息”是有重大意义的，因为“光线”只是传播“信息”的一种手段，虽然还是目前的唯一手段，但并不能排除将来会有其他的手段。因为“光线（包括无线电波）”只是通过电磁相互作用来传递“信息”的，而自然界还有其他的相互作用。惠勒的这个定义被认为是对黑洞下的最为正确的定义，一直沿用至今。

惠勒是一位成果颇丰的物理学家，又是一位传奇人物：他师从量子论的创始人玻尔；大名鼎鼎的费曼是他的学生；爱因斯坦是他的好友。这几个人都是诺贝尔物理学奖的得主，唯独他是世界物理学史上少数几

◁‖ "黑圣经"——《引力论》的封面 ‖▷

个应得诺贝尔奖而没有得的物理学家。不过他得到了 1997 年的沃尔夫奖，据说此奖是专门授予应得诺贝尔奖而没有得的物理学家的（第一位得此奖的是美籍华裔女物理学家吴健雄，她也被认为应得诺贝尔奖而没有得到）。

惠勒把爱因斯坦的广义相对论从数学变成一门大学的物理课程，从此广义相对论被更多的人所了解。他有许多学生都很有名，如前面提到的索恩。惠勒、索恩还与另外一人合作写了一本厚得像砖块一样的《引力论（Gravitation）》，1973 年出版。该书是引力理论方面权威的经典教科书，被誉为"黑圣经"（因为书的封面是黑的）。

除黑洞外，建议萨根用作宇宙旅行捷径的"虫洞"，也是他提出的。此外还有"量子泡沫"等新概念。惠勒也是一位著名的核物理学家，是第一个从事原子弹理论研究的美国物理学家。1939 年，玻尔从欧洲来美国与爱因斯坦等人讨论原子弹的试制事宜，他也参加了讨论。据他自己说，玻尔与他讨论的时间，要比与爱因斯坦讨论的长。他参加了美国试制原子弹的曼哈顿计划，用铀 235 作为原子弹燃料，就是他最早提出的，他还参与了第一颗氢弹的研制。

惠勒有不少"名言"，例如：他说"大学为什么要有学生？是因为教授有解决不了的问题，需要学生来帮助！"

黑洞的前世今生

从上一部分的讨论，我们知道黑洞是由一类质量大于 3 倍太阳质量的恒星塌缩而成的，塌缩前的恒星应为它的前世。但是黑洞是没有前世的，或者更正确地说，黑洞是不记得它的前世的。恒星塌缩成黑洞后，就不会记得是哪颗恒星变成的。就像我国传说中说的：一个人死后，在黄泉路上会遇到一位名叫孟婆的好心老婆婆，她会在这个亡魂口渴难忍时，给他喝一碗解渴的汤。一个亡魂喝了这碗赫赫有名的“孟婆汤”后，再经过轮回、重投人世时，就再也记不得他前世的任何事情了。不过在一些影视作品中，会有人不喝“孟婆汤”记得前世事情，从而演绎出许许多多吸引眼球和增加票房的情节。当然这是题外话，顺便说说而已。同样，在黑洞形成后，其他被它吸入的物质，也不会记得它的来历，正如但丁在他的《神曲》三部曲《地狱》描述的那样：“进入此间者，万念皆抛弃。”

1972 年惠勒的另一个杰出的学生贝肯斯坦提出了一条定理：“星体坍缩成黑洞后，只剩下质量、角动量、电荷三个基本守恒的物理量继续起作用。其他一切性质 (“毛”) 都在进入黑洞后消失了。”这就是非常著名的“黑洞无毛定理”，后来霍金等人严格地证明了此定理。

“黑洞无毛”的说法非常形象：任何物质落入黑洞后，就没有了原有的任何特性，就像一个秃顶的人，脑袋上光秃秃地没有一根毛一样。不过贝肯斯坦指出黑洞还是有三个物理特性：质量、电荷和角动量，黑洞还有三根“毛”！黑洞无毛定理或三毛定律使得黑洞忘记了它前世。

黑洞会吞噬整个宇宙吗

黑洞不断吞噬了其他物体，当然它的质量就会不断增加，而且物质一旦落入黑洞，就永远不能逃脱它的魔掌。这样就形成了一种良性循环：黑洞吸收其他物质愈多，质量就愈大，引力也愈强，愈加能吞噬到更多的物质。这样一来，一个黑洞就会愈来愈大。黑洞愈大，其吞噬其他物质的本领就愈大。吞噬到最后，宇宙会变成一个大黑洞！黑洞会是宇宙的最终归宿！这是一幅多么可怕的图像呀！

人们确实有这种担心，例如欧洲曾有人反对位于日内瓦（瑞士、法国边境）的欧洲核子研究组织提高其大型强子对撞机（简称 LHC）运行的能量。原因是，大型强子对撞机的能量增大后，能量非常高的强子对撞时有可能会产生出“微黑洞”，这些微黑洞可能会吞噬周围的一切，使自己不断壮大。到后来地球、月亮、太阳系、银河系以及甚至整个宇宙都会被它吞噬掉。为此 2008 年有两个美国人将欧洲核子研究组织告上了法庭，请求法院禁止该组织提高运行大型强子对撞机的运行能量。

对大型强子对撞机 LHC 的这种担心，看来似乎有些杞人忧天的味道，不过确实也是忧得有些道理的。黑洞确确实实是在吞噬其他天体的物质，这类事例过去已观察到许多次。最近欧洲空间局（ESA）通过太空望远镜还发现，在距我们 4700 万光年远的 NGC 4845 星系中，一个黑洞从“沉睡”中醒了过来，正在“撕裂”并“吞吃”误经它身边的较小质量星体——褐矮星。褐矮星是一种大小处于最小的恒星与最大的行

欧洲大型强子对撞机圆周长 27 千米，右下角是日内瓦机场的跑道

黑洞“撕裂”并“吞吃”褐矮星

星之间的天体，木星就是一颗这样的褐矮星。

幸运的是，在 20 世纪 70 年代，霍金提出了一种黑洞能“减肥”的机制，黑洞在吞噬其他物质使自己发胖的过程中，也在“减肥”！现在把这种机制称为“霍金辐射”或“黑洞蒸发”。感谢上帝！多亏有了“霍金辐射”，我们的宇宙才不会最终被黑洞吞噬！

在这部分我们简单介绍了黑洞，但它的面纱还远未揭开，只能雾中观花似地看到它朦胧的“倩影”。若想清楚一睹它的“芳容”，那还得要介绍与它有关的各种物理性质，如电磁性质、热力学性质以及“霍金辐射”所必需的量子性质等。下面我们就从引力开始，依次来进行介绍。

三、主宰宇宙的引力

宇宙间的力

2010年发行一部电影《万有引力》，在片末有一段解释片名的文字："万有引力是指具有质量的物体之间相互靠近的能力，它是自然界中最基本的作用力。"这一解释基本上是正确的，不过影片所讲的四对男女故事情节中，彼此吸引的力并非万有引力。编剧、导演之所以引用这段文字，大概是想说明人体因有质量故能彼此吸引。在文学、艺术等方面作这样的理解和引用是完全可以的，而且还可能收到一些幽默的效果。但就其本来的科学意义讲，这样的理解和引用明显是不正确的。青年男女彼此吸引、相恋并不是万有引力的结果，而是异性生理的吸引，也就是俗话所说的"异性相吸"。

当然人与人（不管同性或异性）之间，确实存在万有引力，这是由于人体都具有质量而引起的。但是万有引力非常非常的微弱，就连上下班时我们挤在非常拥挤的公交车里也根本感觉不到彼此之间有吸引力。由此可见，万有引力是不足以引起青年男女彼此吸引、相恋的。

自然界有四种力，或称四种相互作用。它们是引力相互作用、电磁相互作用、弱相互作用和强相互作用。前两种是长程力，它们的作用范围可以达到无限远处；后两种是短程力，作用范围只是在原子核内部。这四种相互作用的强度也是各不相同，而且相差巨大。如果以最强的强相互作用为1个单位的话，电磁相互作用则只有它的百分之一；弱相互作用就更小了，为它的10^5分之一；引力相互作用更是微乎其微，只有强相互作用的10^{38}分之一，电磁相互作用的10^{36}分之一。根据前面一章讲过的大数表示法，10^{38}是在1的后面加38个0，10^{38}分之一就是在小数点后面加38个0，你们看引力是多么渺小。10^{38}分之一也可记作

10^{-38}，在宇宙学中涉及的数字，经常是要么非常巨大、要么非常微小，所以这种用10的乘方来表示的大、小数计数法会经常用到，后面就不再加以说明了。

影片《万有引力》

由数字来表示大小，过于抽象、不够直观。让我们通过一个例子来说明引力的微弱。我们的身体里有不计其数的正电荷（原子核）和负电荷（电子），如果把两个人身上的电子都除去，让此两人彼此相距1米，面对面站着。此时两人的体重大约只有减少1800分之一，因此引力可以看作基本不变；由于去掉了电子，这两人都带了正电荷，他们之间产生的静电排斥力，足以把整个地球举起来！可见万有引力比电磁力小多少。

虽然万有引力非常微弱，但它却是主宰宇宙、天体的力。为什么呢？因为引力除了是长程力外，还有一个非常独特的性质：它只有引力（吸引之力）而没有斥力（排斥之力）！其他几种力，要么是短程力，如强（相互作用）力和弱（相互作用）力，不会在大距离情况下起作用；电磁力虽是长程力，但它既有引力也有斥力的，会相互抵消。宇宙间的物质都是电中性的，所以电磁力就根本表现不出来。而万有引力不然，由于它只有引力而没有斥力，只要质量巨大，引力就会巨大。茫茫宇宙之间，虽然星体之间的距离遥远，但由于星体质量巨大，而且万有引力只能叠加不会相消，所以万有引力会非常的巨大，只有万有引力才能主宰宇宙！

万有引力是一个专用名词，其含义就是电影《万有引力》中所下的定义：具有质量的物体之间相互吸引的能力。不过为简单起见，本书以

后各部分，如无歧义，均用“引力”一词专指“万有引力”，而并非指一般意义上的“吸引之力”。

引力惹的祸

星体引力塌缩形成黑洞，可能算是引力在宇宙间惹下的最大“祸”了，黑洞差一点就成了宇宙的最终归宿，幸好霍金提出了蒸发理论，拯救了整个宇宙。无独有偶，引力在人类历史上也曾惹下过一场大祸，而且还是一场不打引号的真祸、要掉脑袋的大祸——日心说与地心说之争，以及随之而来的教会对日心说支持者的残酷迫害。不论日心说还是地心说，天体环绕一个中心旋转都是引力的结果，虽然在当时对此还不太清楚。

日心说与地心说之争在中世纪欧洲黑暗的宗教独裁统治下，掀起了一股股腥风血雨、制造了一桩桩冤假错案，其中最为著名的要数伽利略冤案了。

2008 年 12 月 21 日，在纪念伽利略（1564 ～ 1642）用望远镜观看星空 400 周年的一次学术大会上，罗马天主教皇本笃十六世称赞了 17 世纪伟大的意大利天文学家、物理学家伽利略。早在 16 年前的 1992 年，当

罗马冈多佛堡的教皇夏宫最高处是冈多佛堡天文台

时的教皇保罗二世也承认，教会对伽利略学说的批判是“悲剧性的错误”。于是全世界都知道的伽利略冤案在300多年后终于平反了，这可能是世界上历时最长、平反最晚的冤案了。科学真理终究战胜宗教独裁！

1633年在位于罗马东南远郊冈多佛堡教皇的夏宫内，当时的教皇乌尔班八世签下一份文件，正式谴责伽利略的“异端邪说”，随即罗马宗教裁判所就对伽利略进行了判决。

1633年6月22日，星期三，这天早晨穿着忏悔者白衣服的伽利略被押送到位于罗马市中心圣·马利亚修道院的大厅内，跪在全体法官面前，聆听判决。由七名红衣主教签署的判决书是这样写的：你坚持违背《圣经》的错误学识，认为太阳处于宇宙的中心，不是地球处在宇宙的中心；不是太阳从东至西运行，而是地球在运行。这种观点已被宣布与《圣经》相抵触之后，竟然还坚持……，因此本法庭才决定谴责和惩处你。不过我们愿意宽恕你，只要从现在起，你以我们规定的方式，在我们面前，真心诚意地发誓抛弃、诅咒并憎恨上述异端邪说。我们仅判处你，在我们神职部门监督下的一种形式上的监禁，并在三年之内，每周把七篇忏悔书背诵一遍。在巨大的压力面前，伽利略不得不低头认罪。不过也有传说，就在伽利略认罪后步出审判大厅的瞬间，他看了看天空，踏了踏审判大厅的台阶，叹了口气说：“我还是感到地球在动。”

其实教廷对伽利略的迫害早在1616年就开始了，那一年天主教教皇和罗马宗教裁判所的法官（红衣主教）就对他进行了斥责和警告。只是由于1632年2月，伽利略出版了他的《关于托勒密和哥白尼两大世界体系的对话》一书，更为彻底地、明白无误地阐述了他的关于日心说的观点，进一步激怒了教廷，这才导致1633年的第二次审判。这次审判除判处伽利略监禁（一年后改为软禁）外，还把《关于托勒密和哥白尼两大世界体系的对话》列为禁书，禁止出版和发行。伽利略对禁他的书是有思想准备的，但没有想到会判处他监禁。伽利略就是因为他支持了天主教所反对的日心说，才遭此大难。

应该说教廷对伽利略还算是客气的，因为他是一个举世闻名的科学

家。1638 年伽利略双目失明，1641 年教廷撤销对他的监禁，1642 年伽利略去世。在他逝世 100 年后，1741 年伽利略就被部分平反，教皇本笃十四世授权出版了他的所有科学著作。可能教会对这件事没有大肆宣传，影响不大，所以人们一直认为 1992 年 10 月 31 日，教皇保罗二世对伽利略事件的处理方式表示遗憾才算是对伽利略的正式平反。

伽利略去世的第二年，英国出生了一位伟人，这位伟人才真正把引力阐述清楚、总结出了它的规律——万有引力定律，他就是伟大的牛顿（1642 ～ 1727）。

日心说与地心说 ⟫⟫

伽利略受罗马天主教廷迫害的原因是支持日心说。日心说在今天看来已是不言而喻的普通常识，但在宗教黑暗专制统治下的中世纪欧洲则不然，这是一个反宗教的、大逆不道的问题。说日心说是引力所惹的祸有些冤枉了引力，因为地心说同样也是引力的产物。关键是地心说符合天主教教义：地球是宇宙的中心，人类是上帝创造的，上帝是宇宙的主宰。日心说无疑会颠覆这一教义，直接影响到宗教的生存，故而对日心说恨得要死、怕得要命。对支持日心说的人施加精神和肉体上的种种迫害，企图迫使他们放弃日心说、支持地心说、笃信上帝。但在真理面前，仍然有许多人毫不畏惧地坚持日心说，以致受到残酷的宗教迫害，如上面提到的伽利略。甚至还有人为此丢了性命，如大家都知道，被罗马宗教裁判所以异端罪判处死刑的布鲁诺（1548 ～ 1600）。

布鲁诺比伽利略更为激烈和彻底，伽利略只是支持日心说，自己仍是一名虔诚的天主教徒。而布鲁诺则是从根本上反对宗教的专制统治，否定上帝在世界上的主宰地位。布鲁诺写了一系列反宗教的著作，如《论无限性、宇宙和世界》（1583）、《驱逐趾高气扬的野兽》（1584）、《论原因、本原和一》（1585）等。在《论无限性、宇宙和世界》和《诺亚方舟》等书中，布鲁诺对圣经提出怀疑，否定上帝的存在。他继承和发展了哥白尼的日心学说，认为宇宙是永恒的，既不会被创造，也不能消灭。地

球只是无限宇宙中的一粒微尘，地球绕太阳运转，太阳只是人类所在星系的中心，并不是宇宙的中心。

罗马鲜花广场上的布鲁诺铜像

这些观点彻底动摇了天主教的基础，因而引起了教会的极度恐慌。1592 年教皇用欺骗手段把当时已流亡在国外的布鲁诺诓骗回罗马，随即监禁起来。1600 年罗马宗教裁判所判处布鲁诺死刑，规定要用不流血的方式处死。于是 2 月 17 日布鲁诺被活活烧死在罗马熙熙攘攘的鲜花广场上。临死前他还高呼“火，不能征服我，未来的世界会了解我，会知道我的价值。”确实如此，全世界人民都了解布鲁诺，知道他的伟大价值。1889 年全世界进步人士，在布鲁诺毫无畏惧就义的罗马鲜花广场中央树立起了布鲁诺的纪念铜像，这座铜像至今还耸立在那里。

日心说还是地心说之争，还得从古希腊的亚里士多德（公元前 384 ～公元前 322）说起。亚里士多德是一位哲学家、著名的古希腊三贤之一（另两人是：苏格拉底和柏拉图），一生著作颇丰，对哲学与科学（当时并不分）都有贡献。如他建立了形式逻辑体系；提出动物分类法；发展了同心圆宇宙体系等。他的一些有关科学的论断，即便从现代观点来看也是正确。例如他把在岸上先看到远处驶来帆船的桅杆，然后才看到船体的现象作为证据之一，论证了大地是球形的！不过囿于人类当时

的认识水平，他也有许多错误的结论，如在下面就要提到重的物体要比轻的物体下落得快，力是运动的原因等。

同心圆宇宙体系最早是由亚里士多德的老师柏拉图发展出来的。柏拉图认为宇宙是完美的，而圆是最完美的图形，所以他提出地球处于中心，其他天体均环绕地球做圆周运动。这一体系并不能解释行星的逆行（自西向东运行）等问题，后人对它作了改进，亚里士多德在此基础上，提出了他的宇宙体系：地球位于一系列同心圆的中心，向外依次为月亮天、水星天、金星天、太阳天、火星天、木星天、土星天和恒星天。恒星天外还有一层由神来推动的宗动天，各层天都由宗动天带动而依次运动的。这就是九重天名称的由来，很明显这是一个典型的地心体系。此体系中有九重天、56 个天体，所以显得异常复杂，以至于在相当长的一段时间里没能得到进一步的发展。

真正集地心说大成者是希腊的托勒密（公元 90 ～ 168）。他认为行星都在一个叫作均轮的轨道上运动，而均轮的中心则沿一个叫作本轮的大圆绕地球旋转。水星和金星均轮的中心，都与地球以及太阳的中心永远连成一条直线。其他星星则在一个最外层的大天球上运动。托勒密是在亚里士多德同心圆宇宙体系的基础上，吸收了公元前 2 世纪希腊天文学家阿波罗尼乌斯关于均轮和本轮的理论，建立起他的地心说的。

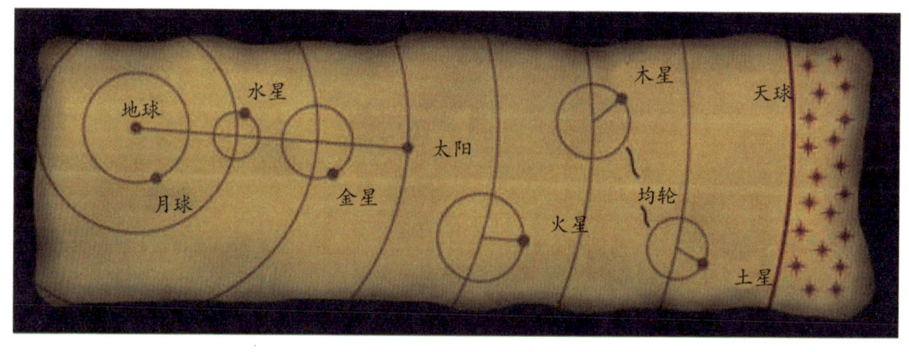

托勒密的地心宇宙体系，图中的小圆是均轮、大圆是本轮

托勒密本人不仅是一位伟大的天文学家：他集古希腊天文学大成，写成《天文学大成》一书，肯定了大地是球形的，还能预告不少天体的

位置，在天文学发展史上占有重要的地位。除此之外，他在地理学、数学和物理学等方面均有很大的贡献。在地理学方面他撰写《地理学指南》、绘制托勒密地图；在数学方面他发展了三角学；在物理学方面他研究了光的折射、反射等现象，并把结果总结在《光学》一书中。

在托勒密提出地心说的 1300 多年后，波兰天文学家哥白尼 (1473 ~ 1543) 提出日心说，认为太阳才是宇宙的中心，而地球只不过是环绕太阳运动的一颗行星。这个理论简单而优美，能够成功解释行星的逆行现象。

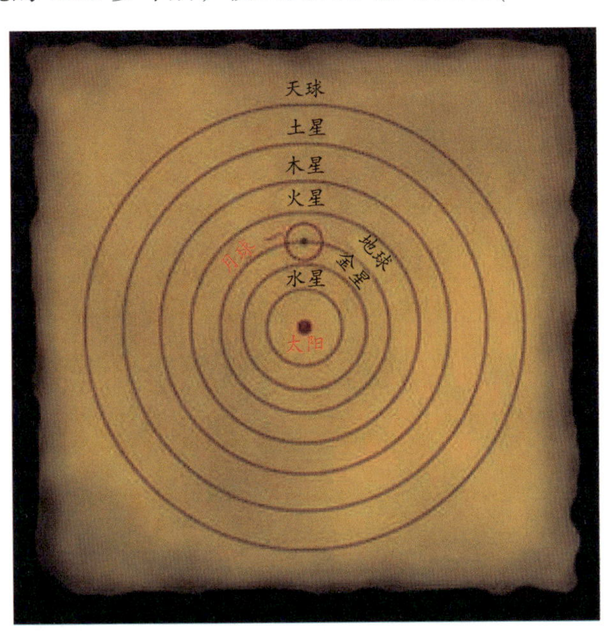

哥白尼的日心宇宙体系

由于地球丧失了处于宇宙中心的特殊地位，使得上帝主宰世界的教义失去了基础，动摇了天主教的根本，引起了教会对日心说的极度恐惧和仇恨，由此掀起了一轮绞杀日心说的腥风血雨。

现在一提起哥白尼或者他的学说，总是一片褒扬之声，好像就是真理的代表。其实由于受到当时条件的限制，日心说的预言并不太准确，与地心说不相上下，故当时并没有为人们所普遍接受。当然不可否认日心说在人类认识宇宙过程中的影响是相当巨大的。

与此相反，只要一提起托勒密和地心说，好像就是谬误的代表、是迫害日心说的罪魁祸首。其实地心说也是人类认识宇宙历史上的一次重大进步，地心说也能解释不少天文现象，其准确度也不比哥白尼的日心说差多少，何况要比日心说早了 1000 多年。不管怎么说，大地是球形的这一论断，就比我们长期信奉的天圆地方说要先进得多。

实际上托勒密也是一位宗教独裁的受害者，地心说、日心说都只是天文学中的一种理论而已，它们的正确与否应由科学来作结论。不能把教会利用地心说来维护教义、对日心说进行封杀、对日心说支持者的残酷迫害，归罪于地心说。更何况教会一开始对地心说也是反对的，因为地心说的基础——亚里士多德的同心圆宇宙体系也不符合基督教的教义。在亚里士多德的宇宙体系中，宗动天一经第一推动力的推动，下面一层层的天就依次运行了，运行的规律一旦形成就不能再改变，因此天体的位置都是固定不变的。但教义认为世界是上帝创造的，上帝要怎样改变天体的位置，就可以怎样改变，在圣经里就有这样的情况出现。后来罗马教廷发现地心说以地球为宇宙中心，符合上帝主宰宇宙的教义，特别在日心说出现后，更可用地心说来抵御日心说，这才出现了对日心说的围剿。这已是在托勒密提出地心说十多个世纪以后的事了。怎么能让托勒密的地心说来背黑锅呢！现在的宇宙理论已经明确，宇宙是没有中心的，太阳也不是宇宙的中心。地心说也好、日心说也好，无非只是所选参照系的原点不同而已，并无本质上的差别。所以在给伽利略平反的同时似乎也要给托勒密平反一下。

逻辑学家的逻辑错误

要说清楚日心说、地心说孰是孰非，那就必须要搞清楚引力理论。这就要从形式逻辑创始人亚里士多德犯的一个逻辑错误说起。亚里士多德说：一个重的物体与一个轻的物体同时从同一高度掉下来时，重的一个要比轻的一个掉得快。他举了一个例子来说明：一个铁球与一根羽毛同时从同一高度掉下，当然是铁球先落地。毫不怀疑，大家都会接受这个事实。但问题是，能不能从这个简单的事实就引出重物先落地的一般结论？由于亚里士多德的声誉，1800 多年来一直没有人对此怀疑过，直到伽利略在比萨斜塔做了他的那个著名实验。

伽利略不是一个容易轻信他人结论的学者，经过认真思考，他发现亚里士多德的论述在逻辑上有矛盾。伽利略是这样思考的：把一块大石头和一块小石头捆绑在一起一起下落，那么这两块捆绑在一起的石头比大石头先落地、还是后落地？按照亚里士多德的论断，会得到两个绝然不同的结论。结论 1：那两块捆在一起的石头肯定比那块大的石头重，所以应该掉得快些，它将比那块大的石头先落地；结论 2：那块小石头掉得比大的慢，小石头捆绑在大石头上一起下落，就会拖大石块的后腿，所以那块捆绑在一起的石头要比大石头后落地！显然这两个结论是互相矛盾的，不可能同时成立，可见亚里士多德的论断是不合逻辑的。伽利略的这种分析法完全符合亚里士多德的形式逻辑，是普遍成立的。由归谬法，只能得到物体下降速度与它的重量无关的结论。伽利略指出：如果两个物体受到的空气阻力相同，或将空气阻力略去不计，那么，两个重量不同的物体将以同样的速度下落，同时到达地面。注意，伽利略考虑到了空气阻力，而亚里士多德没有，由于没有考虑空气阻力，就导致他从铁球比羽毛先落地的简单事实，推断出重的物体掉落得快的错误结论。

虽然伽利略从逻辑上指出了亚里士多德的错误，但仍然有人为亚里士多德辩护。为了证明自己理论的正确，1589 年伽利略在他所在的比萨

比萨神奇广场上的大教堂（左）和斜塔（右）

市中心神奇广场的斜塔上，在众多的观众，包括他的反对者面前，把一大一小两个铁球同时抛下，这两个铁球分秒不差地同时落地。他用实验证明了他的理论正确，同时也开创了实验研究的方法。当时他只有 25 岁，是比萨大学的数学讲师。

比萨斜塔所在的广场上有三座建筑物，中间是大教堂，它的左边是斜塔，右边是一座圆顶的圆形小教堂（图上未出现），造型都非常优美，所以称此广场为神奇广场。而斜塔原来只是附属大教堂的一座钟楼，由于伽利略的实验，使得斜塔反而比大教堂更有名气，成了世界闻名的标志性建筑物，几乎每天都有世界各国的游客慕名而来参观、瞻仰。这座大教堂在科学发展史上的地位绝不亚于斜塔，1583 年年方 19 岁的伽利略在这座教堂里做礼拜时，观察教堂大厅上方吊灯的摆动，得到启发发现了单摆的摆长和周期之间的规律。伽利略对此有正式的记载，比萨斜塔实验，他本人反而没有记载，只是在他的学生的文章中有记载。

虽然伽利略的斜塔实验搞清了物体下落速度与物体本身重量无关的事实，但还只是解决了怎么样的问题，而没有回答为什么的问题。用一句科学研究上的术语，这还只是停留在“唯象”阶段，并没有上升为“理论”。最终把物体下落现象升华为万有引力理论的是牛顿。在介绍牛顿的引力理论之前，我们必须提一下另外两个人的工作。

天体运行的交通警——开普勒

有一个几乎家喻户晓的传说，说牛顿是由于一个苹果掉在头上才发现了万有引力定律的。这个传说正确不正确呢！我们说，正确，但又不完全正确！讲它正确，是牛顿完全可能由于一个苹果掉在头上，得到启发而发现了万有引力定律。讲它不完全正确，是因为如果没有前人的发现和研究作基础，就算有几十、上百个苹果砸在头上，牛顿也不会有此发现的。那么牛顿是在什么基础上才总结出万有引力定律的呢？有两个人的工作必须提一下，一个是第谷，另一个是开普勒。

开普勒（1571 ～ 1630）是德国天文学家、数学家。还在大学期间，

他听了对日心学说所做的阐述，认为是合乎逻辑的，从此就成了一位哥白尼日心说的铁杆粉丝。为此也曾受到天主教教会的迫害，他的著作被列为禁书。更有甚者，1626 年，一群天主教徒包围了开普勒的住所，扬言要处决他。伽利略是在看了开普勒寄给他的文章后，才支持日心说的。不过开普勒的贡献并不在于仅仅是支持日心说，而是总结出了行星运行所遵循的规律。

开普勒是丹麦天文学家、占星学家第谷（1546 ～ 1601）的学生和接班人。第谷是望远镜发明以前的最后一位伟大的天文学家，可以说是世界上最仔细的、最准确的天文观察家。他记录的天文数据都是根据肉眼观察做出的，准确、详尽，对后世的意义十分重大。开普勒是想通过对第谷的记录进行仔细的数学计算来证明哥白尼日心说的正确。不料大出意外，不管是哥白尼的日心说、托勒密的地心说还是第谷本人提出的介乎这两者之间的第三种学说都不符合第谷的观察数据。

开普勒发现的第一个不符是轨道的形状，不论在哥白尼的日心说、托勒密的地心说中，还是在更早的柏拉图、亚里士多德的学说中，都认为天体是在圆形轨道上作匀速圆周运动。因为他们都坚信圆形是最完美的。而从第谷的观察数据根本不能得出圆形轨道的结论，开普勒也是一

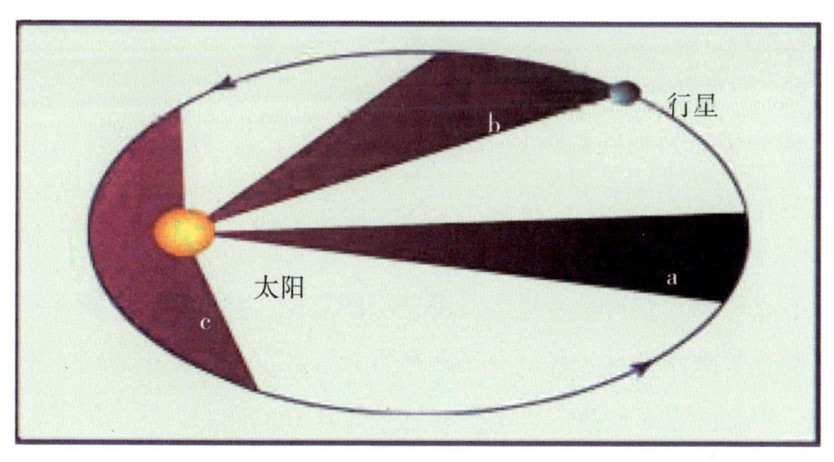

行星的轨道是椭圆，太阳在一个焦点上；
a、b、c 三块面积相等，是行星在相同时间内扫过的

位数学家，他知道由几个椭圆可以合成一个圆形，因此就想到了椭圆。如果运行的轨道是椭圆，那就能与第谷的观察数据相符。这样开普勒就发现了他的第一定律：行星绕太阳运行的轨道是椭圆，太阳位于椭圆的一个焦点上。

第二个不符是行星在轨道上并不是做匀速运动，开普勒仔细分析了火星的运行数据，发现火星在它的轨道上并不是做匀速运动。火星在近日点附近经过时，速度要快些；而经过远日点附近时要慢些。由此开普勒发现了他的第二定律——面积定律：行星在轨道运行时，在相同的时间内扫过的面积相同。

开普勒第三个发现是从几个行星绕太阳旋转的周期、离开太阳的距离等一大堆繁杂的数据中发现了一个规律，如接下来的表中所展示的：

行星的公转周期、行星与太阳距离

行星名称	周期 T	距离 R	周期的平方 T^2	距离的立方 R^3
水星	0.241	0.387	0.058	0.058
金星	0.615	0.723	0.378	0.378
地球	1.000	1.000	1.000	1.000
火星	1.881	1.524	3.54	3.54
木星	11.862	5.203	140.7	140.85
土星	29.457	9.539	867.7	867.98

注：行星的周期、距离，均以地球的为单位。

表的最后两列的数据惊人地相同，由此开普勒给出了他的第三定律：行星绕太阳旋转周期的平方等于它与太阳之间距离的立方，即有 $T^2=R^3$。

开普勒三大定律是行星运行都遵循的规律，开普勒成了指挥行星运行的交通警察！不过开普勒只是在第谷观察数据的基础上总结出来三大定律，但是并没有解决为什么会有这些规律性的问题。这个问题是牛顿来解答的。

交通法规诠释人——牛顿

1665年牛顿刚从剑桥大学拿到学士学位，当时伦敦鼠疫大流行，大学为了避免这场大瘟疫而关闭，牛顿回到了故乡埃尔斯索普庄园。到1667年返回剑桥大学为止，在故乡的这段时间，可算是牛顿一生中最快乐也是成就最大的时光。他无忧无虑地思考自己感兴趣的问题，为今后创建他的流数理论（即现在的微积分）、光学理论以及引力理论奠定了基础。据说在此期间牛顿还谈了他一生中第一次也是唯一的一次恋爱，如果那也叫恋爱的话：他与他的表妹在一起散步，向她述说他所思考的数学、物理问题。

万有引力定律确实是牛顿在此期间思考并发现的，虽然是过了差不多20年后才正式发表，因此还引发了与发现胡克定律的那个胡克之间的关于发现权之争。传说砸中牛顿头的苹果可能就长在埃尔斯索普庄园里的一棵苹果树上，牛顿在树下小坐，或进行沉思或作片刻休息。此时一个成熟的苹果掉下来，不偏不倚正好砸在牛顿的头上，不仅完全可能，而且是一件普通得不能再普通的事。这么一件司空见惯的事，怎么会造成如此伟大的发现呢？

埃尔斯索普庄园牛顿出生的房子

◁ 那棵苹果树的后代 ▷

前提不外乎两个，一是被砸的牛顿不是一个普通人，他的脑袋瓜绝顶聪明，能通过普通的现象深思出并不普通的道理。不过聪明的脑瓜不止牛顿一个人有，能深思也不是牛顿的专利。如上面提到的柏拉图、亚里士多德、托勒密、哥白尼、伽利略、开普勒等人，哪一个不是善于思考的聪明人；我国也不乏善于思辨的睿智人士，如比亚里士多德只小 15 岁的庄子就是一个极其善于思考并能将不同的事物或现象加以联想，于细微处悟出大道理的哲学家。为什么这些人没有，而只有牛顿才会发现万有引力定律呢！原因是他们不具有牛顿所具有的条件。这个条件就是发现万有引力定律的第二个前提：第谷的观察数据和随之得出的开普勒三大定律。没有这些，牛顿有着再聪明的脑袋、有再多的苹果砸在他头上，也不会发现万有引力定律的。正像牛顿自己说的：如果我比别人看得更远，那是因为我站在巨人的肩上。任何重大发现或发明，都是在前人的基础上做出的。

亚里士多德只是根据天象提出九重天理论的；关于重的物体要比轻的物体掉得快的结论，说明他还没有意识到有重力的作用；关于力是运动的原因的说法，表明他还没有加速度的概念。伽利略在比萨斜塔做的关于不同重量物体同时落地的实验，虽然明确显示了自由落体的规律，但仍然没有引入引力的概念。原因是那时还没有足够的观察数据和理论基础催生出引力理论来。开普勒在第谷观察数据得出的有关行星绕太阳

旋转的三大定律，虽然还没有揭示出引力的概念，但是为牛顿的发现提供坚实的巨人肩膀。牛顿就是站在巨人的肩膀上，发现地球引力的。

除了发现万有引力定律外，牛顿还有其他重大贡献。如在数学方面创建了流数论，即现在的微积分。在物理学上，提出了著名的牛顿三大定律：第一定律就纠正了亚里士多德的力是运动的原因的错误，指出不受外力作用体系将保持原来的运动状态；第二定律指出了力与加速度的关系，即力是改变运动状态的原因；第三定律就是作用力、反作用力定律。牛顿三大定律是经典物理学三内容之一的经典力学的基础。在光学上，他提出了光的粒子说。在宇宙学方面，牛顿提出了静止而无限的宇宙模型，这一点后面还要详细讨论。牛顿的这些贡献，开创现代科学的新时代，直接导致了第一次工业革命，大大促进了人类社会的发展。

万有引力

万有引力定律是说凡是有质量的物体之间均有引力存在，其大小与两物体质量 m_1、m_2 的乘积成正比，与两物体之间距离 r 的平方成反比，其比例常数叫作万有引力常数，记作 G，$G=6.674\times10^{-11}$ 牛・米^2/千克^2。下图对万有引力定律进行了形象的说明。

牛顿从苹果掉地，意识到所有的东西掉落地面是由于地球的引力；而由开普勒的三大定律，就联想到行星绕太阳旋转是太阳的引力造成的。前者是地面上的力，后者是天上的力。牛顿的伟大就在于把本来似乎风马牛不相关的两件事联系了起来，发现了万有引力定律。如果在风马牛不相关的事情之间有了联系，这本来就是一个重要的信息，说明有某种普适性存在。而普适性的出现是一种很好的预兆，可能会有重大的发现出现，只不过不是每个人都有运气碰上，就算有

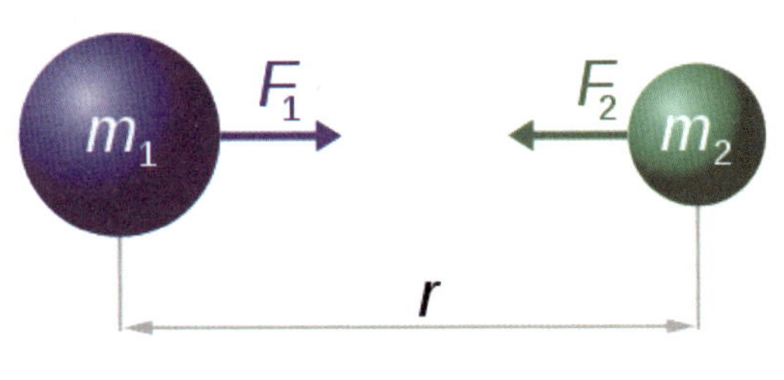

$$F_1=F_2=G\frac{m_1\times m_2}{r^2}$$

牛顿的万有引力定律

人有幸碰上了，也不见得都能把握住这种千载难逢的机会。牛顿不仅能够捕捉这种普适性，而且能够从中做出重大发现，这是他的伟大之处。

万有引力定律是物理学发展史上的第一次统一：地上的力与天上的力统一，这是它的划时代意义。但是牛顿的引力理论并不十全十美，它不能完全解释水星轨道运动在近日点附近出现的进动现象（详见第七部分）。虽然初看起来最早提出黑洞是基于引力的考虑，但后来知道这是从错误的前提引出的正确结论。牛顿的引力理论有着它光辉的功勋：彻底解决了太阳系行星运行轨道的问题。但牛顿的万有引力定律不能解释黑洞的性质，更不能作为研究宇宙现象的工具。要研究这些问题，必须要有一种更为正确和完善的理论。这一历史重任要到 20 世纪初，才由伟大的爱因斯坦来完成。

爱因斯坦站在牛顿这个科学巨人的肩膀上，以另一个科学巨人的姿态出现了。以一种全新的观点建立了比牛顿引力理论更为完美的理论——广义相对论的引力理论。

要介绍爱因斯坦的引力理论，还真是不容易，不仅需要许多深奥的数学知识，还需要一些必要的物理知识来做铺垫。那些高深的数学已经远远超出本书的范围，不能在此做介绍，只能用一些形象的比喻做些说明。但没有那些作为前提的物理知识，我们就根本无法来把故事继续讲下去。下面就来介绍这些必要的预备知识。

四、宇宙信使——电磁波

上一部分讲到，由于引力是一种长程力，又是自然界四种力中唯一一种只有吸引而没有排斥的力，所以它在宇宙天体的形成、运动和演化中起了主宰作用。自然界的四种力中还有一种长程力：电磁力。电磁力虽然要比引力大10^{36}倍，但由于它既有吸引力又有排斥力，所以对于中性的天体来说，它的作用反而远远不如引力。不过电磁力作为一种长程力，其作用范围为无限大，这就决定了它必然会在茫茫无际的宇宙中起重要作用，而且是独一无二的作用：充当宇宙间传递信息的使者。

说到电磁力是传递信息的使者，大家马上会想到手机、电脑等通信设备接收到的无线电波。不错，无线电波是信息的传递者，不过不仅仅无线电波是电磁波。电磁波的范围要比通常理解的广泛得多，天上眨眼的星光是电磁波，医院里透视身体用的X光是电磁波，家里微波炉中的微波也是电磁波，甚至在冬天我们用的红外线取暖器中红外线也是电磁波。

从上古时代我们祖先的观天，到伽利略开始用望远镜观察天体，靠的都是星光，即电磁波；观察黑洞则不能靠光了，而是X射线，这也是电磁波；而后面会介绍到的，让我们“看到了上帝的脸”的宇宙微波背景辐射，也是电磁波。可见在观察宇宙的各个历史阶段，无一不是靠电磁波，足见电磁相互作用或电磁力的重要性。

说起电磁波，那是19世纪物理学最为光辉的成就之一。17世纪牛顿的三大运动定律、万有引力定律的确立，为近代物理学打下了坚实的基础，18世纪一些实验结果更为物理学的发展创造了必要的条件。19世纪成了物理学大发展的时代，创建了完善的电磁理论和热学理论。连同牛顿的力学，这三者构成了经典物理的全部内容。电磁波就是在电磁理论的方程中飞出的一只金凤凰，它的发现不仅开创了人类信息时代的新纪元，而且也为我们提供了观察、研究宇宙的必不可少的手段。在较为详细地介绍黑洞和宇宙之前，我们必须先介绍一下电磁理论，这还得从古代“电”和“磁”的现象谈起。

“顿牟掇芥”和“慈石引针”

“电”和“磁”都是古老的概念，也是两个风马牛不相干的概念，要说清楚它们的统一，还真是要花些笔墨。下面我们就从两千多年前，已经发现的“电”和“磁”的现象谈起。早在公元前 6 世纪就发现了静电现象，古希腊七贤之一的泰勒斯（约公元前 624 ～约公元前 547）发现摩擦过的琥珀具有吸引小木屑或干草叶的特点，这就是我们现在所称的“摩擦起电”现象。琥珀是一种黄色树胶的化石，在古代主要用来做饰物，希腊语“琥珀”一词的英译名为“electron”。现在我们所用的“电(electricity)”这个词，实际上就是由希腊语“琥珀”演化而来的，由此可见琥珀与电的渊源之深。泰勒斯还知道有些天然矿石有吸引铁质物体的性质，这可能是人类最早对磁性的认识了。

我国古代也早就有了“顿牟掇芥”和“慈石引针”的说法。“顿牟掇芥，慈石引针”现象被东汉王充总结在他所著《论衡》一书中。“顿牟掇芥”意思是说摩擦后的琥珀能吸引芥菜子等轻微物体，中国古时称琥珀为顿牟。“顿牟掇芥”说明我国古代早已知道摩擦琥珀能生电。而“慈石引针”则是指“慈石”能吸引铁质物体，“慈石”就是磁石、吸铁石。古人在开矿时，发现有些矿石能够吸引一些含铁的物质，他们把这种吸引的现象比作慈母对子女的吸引。并认为：石是铁的母亲，但石有慈和不慈两种，慈爱的石头能吸引他的子女，不慈的石头就不能吸引了。“慈石”，是慈爱石头的意思。实际上磁石就是人类最早发现的天然磁性材料，其主要成分是四氧化三铁（Fe_3O_4）。

我国是最早利用磁石来指示方向的国家。中国有一个非常有名的传说：黄帝和蚩尤之间的涿鹿大战。蚩尤是长江流域九黎族的首领，在一次战争中他把中原地区的炎帝(炎帝陵在宝鸡)打败了。炎帝向黄帝求助，黄帝决定帮助炎帝迎战蚩尤。最后黄帝和蚩尤在涿鹿决战，蚩尤请风伯雨师降下狂风暴雨；黄帝请来天女旱魃使得雨止风息。蚩尤又使妖法，撒下漫天大雾，企图困死黄帝。不料黄帝有指南仪器，不会在浓雾中迷失方向，最终黄帝诛杀了蚩尤。大家对蚩尤可能并不陌生，在20世纪90年代就有了“黄帝战蚩尤”的电脑游戏，现在还有许多最新的版本，如“上古魔神之邪帝蚩尤”等。

黄帝战胜蚩尤的法宝是能够指南的仪器，不过并不是指南针而是指南车。指南针是利用磁性来指示方向的，而指南车是利用齿轮传动系统来指示方向，所以两者不一样。中国是世界上最早利用磁性来指示方向的国家，相传在战国时，郑国人制造出了一种名叫司南的装置。郑国人去采玉时在车上放司南，可以避免迷失方向。司南由一个用天然磁石雕成的汤勺，放在光滑的青铜底盘上而组成，勺柄指的方向就是南方。但司南还不是指南针，指南针是在我国北宋时期才出现的。宋代的文献记载了航海中使用指南针的情况：“舟师识地理，夜则观星，昼则观日，阴晦观指南针”。南宋也有这方面的记载：“舟舶来往，唯以指南针为则，昼夜守视唯谨，

指南车

司南

罗盘

毫厘之差，胜似系焉”。可见当时指南针已成为海上指航最重要的仪器。指南针亦称罗盘，不论昼夜晴阴都用它来指示方向。北宋末期，中国的指南针（罗盘）通过阿拉伯商人传入欧洲。此后，罗盘在世界航海事业上被广泛应用，对后来发现新大陆以及环球航行起到了不可替代的促进作用。

“电”的利用没有“磁”那么来得直接和快。原因是“磁”有其天然的来源——磁石，而“电”必须摩擦才能产生，而且不易保存。所以在发现摩擦起电之后的很长一段时间里，对它的利用进展不大。直到1600年《论磁石、磁体和地球大磁石》一书出版，情况才有改观。此书的作者是英国物理学家、英国女王伊丽莎白一世的御医吉伯（1540～1603）。书中指出，不仅摩擦琥珀后能吸引轻小物体，而且硫黄、玻璃、松脂等相当多的物体经摩擦后也会吸附轻小物体。他第一次把这种吸附轻小物体的力称作为电力。书中还注意到带电物体不会像磁石那样指向地球的南北，电力和磁石产生的力是性质完全不同的两种力。由于这些贡献，吉伯被誉为电学之父。现代科学意义上对电学的系统研究由此开始。

“电”“磁”一家亲

虽然王充在他的著作《论衡》中把“电”和“磁”相提并论，不过他仍然是作为两个不同的现象介绍的，原因是都能吸引物体。

在欧洲，吉伯之后的其他科学家继承和发展了他的电学研究，取得了一系列的进展：发现了电能够传导的性质，由此区分了导体和绝缘体；发明了能保存电荷的莱顿瓶，利用它可以收集和保存摩擦所产生的电；发现了摩擦后荷电的物体所带电有正负之分，正负电荷之间还有“同性相斥、异性相吸”这样的性质。法国物理学家库仑（1736～1806）通过精密的纽秤实验发现定量描述静电荷之间作用力大小的著名定律——库仑定律。这是有关电性质的第一个实验定律，它的发现标志着对电学定量研究的开始。伏打电堆以及以后经改进的电池的发明，使得电学研究从静电扩展到动电——电流。并发现了电流的一些规律，如我们已在初中教材中学到的欧姆定律。在对电流的研究中，人们发现了一个惊人的现象："电"和"磁"之间竟然有联系。风马牛不相干的"电"和"磁"相干起来了！

让"电"和"磁"相联系起来的是丹麦物理学家汉斯·奥斯特（1777～1851）。1820 年 4 月 21 日，奥斯特在课堂上作物理演示实验：将一根导线经过一个开关与电池相连，把一只放在玻璃罩内的指南针置于导线的近旁。闭合开关，当有电流在导线中流过时，他和他的学生都看到了指南针的指针动了一下，偏离北极方向。这充分表明了电和磁并不是以前认为的那样，是自然界中的两个互不相干的现象，而是在它们之间存在着某种内在的联系。于是发现了"动电"竟能"生磁"！

奥斯特虽然发现了电流的磁效应，但他并没有对这个效应给出合理的物理解释和严格的数学表述，这项工作是法国物理学家安培（1775～1836）完成的。1820 年 9 月 11 日安培听说了奥斯特的发现，第二天他就立即集中精力投入这项研究中去。一个星期后的 9 月 18 日他就向法兰西科学院投寄了一篇文章，极其详细地描述了奥斯特的实验以及类似的实验。几周后他提出了安培定则，即大家熟知的右手螺旋定则：对于通电的直导线，用右手握住导线，让大拇指指向电流的方向，那么四指所指的方向就是环绕此导线的磁场的方向（北极方向）；对于通电的螺线管，用右手握住通电螺线管，弯曲四指与螺线管中的电流方向一致，那么大拇指所指的那一端是通电螺线管的北极。这个法则极大地简化了确定磁场方向的方法，直到今天我们还在一直使用。几年后安培总结出了电磁学中继库仑定律之后的另一条基本定律——安培定律。安培定律定量地给出了电流和磁场关系，彻底地解释了所谓的"动电生磁"现象。

"动电生磁"的问题解决了，从电和磁的对称性出发，下一步必然要考虑"动磁生电"的问题了。这个历史使命就落到了英国物理学家法拉第（1791～1867）的身上。

法拉第的传奇人生

法拉第是一位著名的物理学家，可以说只要学过中学物理的，没有人不知道他的名字和以他的名字命名的电磁感应定律。法拉第又是一位传奇式的人物，他由于家庭贫穷，没有受到良好的教育，只读过几年小学，连中学也没有上过。就是这样一位印刷厂的学徒工，却在物理学、化学等多个科学领域均做出了巨大贡献，成了物理学的一代宗师和被爱因斯坦所仰慕的三个划时代人物之一。

法拉第的父亲是一位铁匠。所以他很小就外出打工，1805 年 14 岁的法拉第在一家印刷厂当学徒，在印刷厂里能接触许多书籍，他利用这个有利条件，如饥似渴地阅读各类书籍。俗话说机遇的大门，总是向有准备的人打开的。20 岁时，法拉第就碰到这样一次机遇。他搞到了两张旁听皇家学会演讲的门票，演讲人是当时英国最负盛名的化学家戴维爵士。听了戴维的演讲回来后，他兴奋不已，逢人就说，戴维的报告他听得懂。他梦想成为戴维的助手和学生，为此他特地把听戴维讲课时的记录加以整理，并加注自己的心得体会，总结出了一篇三百多页的笔记，寄给戴维，以冀引起注意。上天有时是会眷顾有心人的，不久后在一次

19 世纪在物理课中，演示电磁感应现象的感应线圈

化学实验的事故中，戴维的眼睛受伤，视力受损，需要一个年轻人来协助，这时他想到了这个印刷厂的学徒，让他来作自己的秘书。法拉第的人生由此发生改变，开始了他的科学研究道路。法拉第一生对科学的贡献很多，不过最为著名的是电磁感应的发现。电磁感应在初中的物理教科书中已有介绍，说的是变化的磁力可以感应出电流来，它们之间的定量关系，就是著名的法拉第电磁感应定律。

不过电磁感应的发现并不是轻而易举的，整整花了法拉第十年的宝贵时光。1821 年英国《哲学年鉴》约请戴维撰写一篇评述奥斯特的发现及其发展的文章，戴维把这一工作交给了法拉第。法拉第在编写的过程中，对电和磁产生了兴趣，他认为既然电能够产生磁，反之，磁也应该能产生电。从这一年起，他一直进行实验，企图通过磁对导线的作用来产生电流，但是多次的努力均告失败。经过多年的不断实验，到 1831 年法拉第发现：一个通电线圈产生的磁并不能使另一个线圈出现电流，但是当通电线圈的电流刚接通或中断的时候，另一个线圈中的电流计指针有微小偏转。经过多次反复实验，法拉第终于认识到静磁（没有变化的磁）是不会产生电流的，只有变化的磁力才会产生电流，也是上面所说的“动磁生电”。

奥斯特发现的电流磁效应是“动电（电流）生磁”；法拉第发现的是“动磁（变化的磁场）生电”，从此电和磁就真正地成了一家亲。电磁感应现象最终揭示出了电磁的本性，这是它的重大理论意义，但它还有着更为重要的实用价值。当时的电流都是由伏打电池产生的，都不太强，除了能用来进行物理实验外，不可能有进一步的实际应用价值。而电磁感应不然，它可以产生强大的电流，发电机都是利用电磁感应来发电的，试想一下它产生的电流有多么大！电磁感应开创了一个崭新的时代——电气化时代！能开创一个新时代的科学发现，在科学发展史上并不多见，牛顿的力学、瓦特的蒸汽机带来了第一次工业革命，开始了机械力代替人力的新时代。法拉第电磁感应的发现机械力可以被远距离传输，导致了第二次工业革命的开始。

上面提到法拉第没有受过良好的教育，他的数学并不好，所以不像牛顿那样能用数学公式来描写他发现的定律。为此，他创造了一套非常直观和形象的方法来描述物理规律。今天我们在课堂上，在日常生活中经常使用的电力线、磁力线、电场、磁场等概念，都是他创造出来描写物理理论的。“力线”“场”这些概念的提出，使我们现在描述物理现象方便得多，如果没有“力线”“场”这些概念，真不知道如何去上物理课。大家可能会注意到前面我们没有用“场”这个词，说实在的，为了不使用“场”这个概念，真还需要动一番脑筋。

不过在当时却有一个年轻的大学生认为不用严格的数学公式来描述物理理论不够完美，他立志要把法拉第的物理思想用完美的数学公式表示出来。为此，他写了一封信，告诉了法拉第他的这一想法。法拉第给他回了一封信，表示了他担心优美的数学形式会淹没掉丰富的物理思想。这个年轻的大学生就是詹姆斯·克拉克·麦克斯韦（1831 ～ 1879）。

麦克斯韦出场了

据说爱因斯坦早年在他办公室墙上，挂了牛顿、法拉第和麦克斯韦三人的像，可见法拉第和麦克斯韦在爱因斯坦心中的分量有多重。爱因斯坦挂此三人的像，确实有眼光。因为此三人可以说是人类三个不同时代的开创者：牛顿的力学开创了机械化时代；法拉第的电磁感应开创了电气化时代；麦克斯韦的电磁波开创了信息化时代。物理学的重要性，由此可见一斑。

与法拉第不同，麦克斯韦出生在一个富裕的贵族家庭。麦克斯韦原姓克拉克，麦克斯韦一姓是他在继承了与麦克斯韦家族有关的一处田庄后才加上的。父亲克拉克从男爵是一位知识渊博的律师，在这样的一个家庭中，麦克斯韦从小就受到了良好的教育。麦克斯韦的数学特别好，14 岁还在上高中时，他就发表了一篇关于二次曲线作图问题的论文。1847 年，他年方 16 岁就进入爱丁堡大学学习，1850 年转入剑桥大学三一学院数学系学习，1855 年他以第二名的优异成绩从三一学院毕业，

随即就开始了对电磁学的研究。

经过多年的努力，他把静电的库仑定律、“动电生磁”的安培环流定律、“动磁生电”的法拉第电磁感应定律以及自然界的磁体均有南北两极、没有单个磁极的物体等四个物理实验定律都用优美的数学形式写了出来。1864 年他在皇家学会做题为《电磁场的动力学作用》的学术报告，提出了联系电荷、电流和电场、磁场的微分方程组（现称麦克斯韦方程组）。最初的麦克斯韦方程组是由 20 个方程和 20 个变量组成，还不是今天通用的四个方程。目前所用的麦克斯韦方程是经过英国数学家赫维赛德和美国物理学家吉布斯使用矢量形式改进过的，方程的数目从原来的 20 个减少到 4 个，方程中的变量均为矢量。

麦克斯韦的贡献还不仅在于他把四个物理实验定律写成了严格的数学方程，更重要的是当他写下了这组方程，马上就发现这些方程不可能同时都正确，用数学的语言来说就是不自洽。麦克斯韦还发现如果要使这组方程自洽，就必须在其中的一个方程中加上一项。这一项的物理意义是电流有两种，一种是通常的传导电流，即在导线中传导的电流；另一种不同于传导电流，麦克斯韦称它为“位移电流”，当时并不知位移电流为何物，它的提出完全是出于数学上的需要。可是没有多久，实验确实发现了位移电流，它就是电容器中的电流。位移电流的预言和发现使得人们最终认识到“电”和“磁”只不过是一个统一体——电磁场的两个方面。

1873 年麦克斯韦出版了他的名著《电磁学通论（*A Treatise on Electricity and Magnetism*）》，这是一部全面阐述电磁理论的教科书。麦克斯韦把他和前人研究的电磁理论用一套严格的数学公式写了出来，这些方程几乎可以解释当时所有已知的电磁性质，全面总结了人类关于电和磁的知识。麦克斯韦还在书中特别强调：法拉第的直观物理概念和他的严格数学公式“两者是一回事，都能解释同一现象、同一运动规律。可是法拉第的方法是自整体出发，经分析达到局部，而普通的数学方法是建立在自局部构成整体的原则上。”

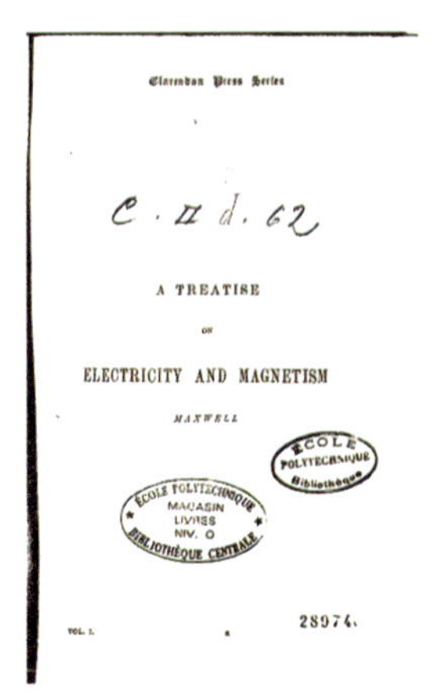

Clarendon Press Series

C. II d. 62

A TREATISE

ON

ELECTRICITY AND MAGNETISM

MAXWELL

ÉCOLE POLYTECHNIQUE Bibliothèque

ÉCOLE POLYTECHNIQUE MAGASIN LIVRES NIV. 0 BIBLIOTHÈQUE CENTRALE

VOL. I.

28974

《电磁学通论》原版扉页（左）中译本（右）

这两位对电磁理论的发展都做出过重大贡献的物理学巨匠，尽管他们的经历不同、特长不同、研究问题的途径不同，对于自己的研究都锲而不舍、信心十足，不达目的誓不罢休；同时又有伟大胸怀和高尚风格。19 世纪 50 年代，法拉第已是英国电磁学研究最大的权威，麦克斯韦只是一个名不见经传的青年学生，居然敢讲法拉第的理论不完美。法拉第并没有摆出一副学术权威的架子去斥责这个无名小卒，而是回了信给他，只是仅仅表示自己的担心。麦克斯韦在建立了自己的方程组后，法拉第看到后马上回信表示：原来的担心是多余的！麦克斯韦也没有趾高气扬、不可一世，而是深刻地表示他与法拉第的不同只是研究的方法不同而已。这充分地显示出两位物理大师的高尚品质和人格魅力，在物理学史上留下了一段佳话。

方程中飞出的金凤凰——电磁波

1861 年麦克斯韦发表了《论物理力线》一文，文中指出在电场随时间变化的情况下，安培环路定律不再正确。根据电和磁的对称性，麦克斯韦认为既然变化的磁场能产生电（法拉第电磁感应定律），那么变化的电场也能产生磁。于是他引进了“位移电流”的概念，所谓位移电流

通俗说就是不流经导线的电流，如电容器中的电流。位移电流和传导电流（即流经导体的电流）同样能产生磁场，这样一来安培环路定律中的电流不仅包含传导电流，也要把位移电流包括进去。这样修改后的安培定律，又被称为麦克斯韦—安培定律。

安培环路定律的修改不仅使得麦克斯韦方程组更加对称，而且导致了一个惊人的预言。根据法拉第电磁感应定律，磁场的变化能产生电流，由于电流是电场引起的，产生电流就是产生电场，这种电场是涡旋状的，故称涡旋电场（与电荷产生的电场不同）。根据安培定律，我们知道由电流（位移和传导两者）产生的磁场是环绕电流形成环路的，所以是涡旋磁场。这样一来，变化的磁场产生涡旋电场，变化的电场又产生涡旋磁场……如此不断地延续下去，电场和磁场就会一圈一圈地传播出去，就像池塘里的水波一样。麦克斯韦把这种一圈一圈地传播出去的电场和磁场统一起来叫作电磁场，而且电磁场可以脱离它们的源（如电荷、电流等）而独立存在。

这种观点与以前的观点截然不同。最早认为电荷与电荷、磁极与磁极之间的作用力是一种超距力，即不用接触就能产生的力。法拉第提出了场的概念后，则认为电荷与电荷、磁极与磁极之间的作用力，是通过它们周围的场而产生，并不是超距力。不过，即使在法拉第的理论中，相互作用是通过场传递的，但是电场或磁场均不能脱离产生它们的源——电荷或磁极的存在。现在，麦克斯韦方程组表明了电场和磁场是一个统一体——电磁场的两个方面，电磁场可以离开源而独立存在；还可以像水波一样一圈一圈地传播出去。而且由麦克斯韦方程导出的电磁场方程又是一个波动方程，因此 1864 年麦克斯韦在他的《电磁场的动力学作用》中首次从理论上大胆地预言了电磁波的存在。完全可以这么说：电磁波是从麦克斯韦方程组中飞出来的一只金凤凰。

单单凭理论的预言还不足以相信电磁波的存在，还必须在实验中发现它。首先发现电磁波的是德国物理学家赫兹（1857 ～ 1894）。不过麦克斯韦并没有看到电磁波的发现，赫兹在麦克斯韦死后将近 10 年才发现

电磁波的。

在当时，德国的物理学界有两种观点，一种受牛顿引力理论的影响，认为电力与磁力是瞬时传送的。另一种是根据麦克斯韦的电磁理论，电磁波是以一定的速度传播的。赫兹决定用实验来证实究竟是哪一种理论正确，为此他设计了一套实验装置。他利用两个电极之间的放电（电火花）作为电磁波的源，再用一个有一缺口的环形天线作为接收器，利用共振来检测电磁波。

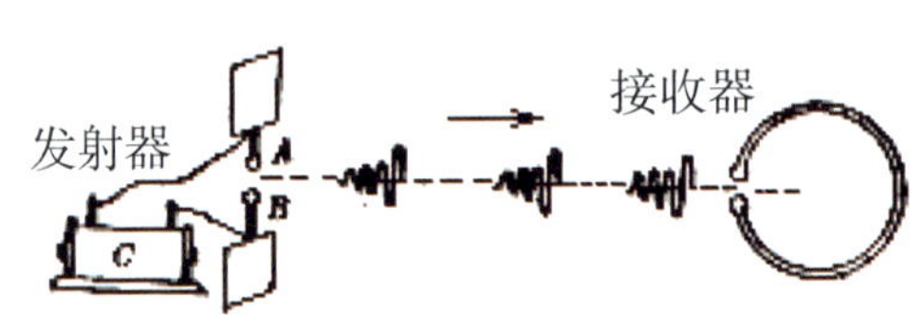

赫兹实验示意图

赫兹把发射器放在一个房间里，接收器放在另一间暗室里，两者相距10米，自己坐在放置接收器的那间暗室内。当发射器接通电源时，两个电极之间产生了电火花；与此同时赫兹在暗室内看到了环形接收器间的间隙内也有电火花产生。这表明接收器确实接收到了发射器发出的电磁波，明白无误地证实了电磁波的存在。1888年1月在《论动电效应的传播速度》一文中，赫兹公布了这一实验结果，立即轰动了全世界的科学界。电磁波的发现，开创了人类的信息时代！现在能用手机打电话、能WiFi上网和享用现代通信技术的种种方便和乐趣，都是19世纪麦克斯韦的电磁理论恩赐给我们的。

爱因斯坦对于麦克斯韦贡献的评价极高，在纪念麦克斯韦诞生100周年时，他说道："自从牛顿奠定理论物理学的基础以来，物理学公理基础的最伟大的变革是由法拉第和麦克斯韦电磁现象方面的工作引起的。""这一伟大变革同法拉第、麦克斯韦和海因里希·赫兹的名字永远联在一起，其中最大部分出自麦克斯韦。"

电、磁、光大统一

信息时代的开创，还不是麦克斯韦电磁理论唯一的伟大功勋，它的另外一个功勋不但不亚于此，从人类认识世界的意义上来说可能更为重

要。麦克斯韦电磁理论已经把电和磁彻底地结合了起来，成了统一的电磁场的两个方面。现在我们又知道由麦克斯韦方程导出的电磁场方程是一个波动方程，即描写波的传播的方程。波动方程里有一个常数叫作波速，它描写的是波传播的速度。在电磁波满足的波动方程中的波速竟然为每秒 30 万千米，等于光速！也就是说电磁波是以光速传播的！

在推导电磁波方程的过程中，所用的参数都是电磁学方面的，也就是说电磁波的波速只与电磁参数有关，更具体地说只与介电常数和磁导率的乘积有关，它怎么会与风马牛不相干的光速相等呢？可能只有一个，那就是光也是电磁波的一种。这样就把电、磁和光统一了起来，这是物理学上的第二次大统一。第一次大统一，是上一部分提到的牛顿把天上的力和地球上的力统一为万有引力。

现在已经知道，无线电波、微波、红外线、可见光、紫外线甚至 X 射线、伽马射线等均是电磁波，只不过波长不同而已，不同频率的电磁波组成了电磁波谱。

我们知道波都是在介质中传播的，例如池塘中的水波是在水中传播的，声波是在空气中传播的。离开了介质波就不能传播，在月球上由于没有空气，声音不能传播，所以两个宇航员在月球上不通过无线电是无法通话的。光是波的一种，那么传递光波的介质是什么呢？在介质中传播的波的波速是由介质的性质决定的，一般说来介质的刚性越大、密度越小，波速就越大。光是宇宙间传播速度最快的波，要传播这么快的波，就要求介质的刚性极大，而密度又要极小，这样的介质在自然界很难找到，所以物理学家假设一种传递光的介质——以太。当时几乎所有物理学家都认为光速是电磁波相对于“以太”的运动速度。于是物理学家们“上穷碧落下黄泉，竭尽全力觅以太”。

说起“以太”这个词，究其根源还是古希腊的亚里士多德最早引入的。古希腊哲学家认为世界万物是由水、火、土地和空气等四种元素组成的，即所谓的“四元说”。亚里士多德认为为了解释“天”的构成，除了水、火、土地和空气等四种元素外，还需要引进第五种元素——“以太”。“以

太”是一种人们感觉不到的、非常稀薄的东西，因此有些神秘感。后来在牛顿引发的那场关于力究竟是“超距作用”还是“传递作用”的争论中，法国的著名数学家、解析几何的创始人笛卡尔（1596～1650）引入“以太”作为传递相互作用的介质。顺便说一下，笛卡尔引入“以太”并没有能结束这场争论，是麦克斯韦建立了电磁场理论，赫兹发现了电磁波之后，力的“超距作用”才被物理学家们所放弃。

“以太”疑难和第一朵“乌云”

寻找电磁波的介质“以太”却得到了一个意想不到的结果，一个引发了一场物理学革命的结果。“以太”要作为传递电磁波的介质，它必须具有非常特殊的性质。电磁波能够在所有的物质（除一些铁类物质）中传播，作为传播它的介质——“以太”必须要在所有的物质中存在，这使得“以太”必须有一些非常难于理解的性质。因此物理学家虽然认为“以太”是传播电磁波的媒介，但总感到有些不踏实，希望通过实验来验证“以太”假说的正确与否。

1884年，一些欧洲的著名物理学家到美国来访问，向来自全美各地的科学家作学术报告。英国物理学家开尔文爵士（1824～1907)和瑞利爵士（1842～1919）在报告中提到，如果真的有“以太”充满宇宙空间，当地球以每秒30千米的速度绕太阳运动，那么就应有一股“以太风”迎面而来，关键是怎么样才能测量到这股“以太风”。一位美国青年物理学家迈克尔逊（1852～1931）听此报告后，下决心要测量这股“以太风”。1887年，迈克尔逊在一位美国化学家莫雷（1838～1932）的帮助下做了一系列测量“以太风”的实验。根据“以太”假说，如果在相对于“以太”运动的地球上测量光速，随着光的传播方向的改变，应该测得不同的量值。但是不论在一年四季中的不同日子，不论白天还是黑夜进行的多次反复实验，都没有发现这种改变。这就是说地球相对于“以太”的速度是零。

李政道教授曾指出：一个实验可以否定一个理论，但一个实验并不能证明一个理论。迈克尔逊—莫雷实验，就是这样的一个实验，它彻底

否定了“以太”假说。迈克尔逊和莫雷实验所用的仪器是著名的迈克尔逊干涉仪。这是一种非常精密的光学仪器，其精度非常之高，甚至可以测量出极短时间里植物增加的长度。这样的精度大大超过了测得“以太风”效应所需的100倍！下图是迈克尔逊—莫雷实验原理图。

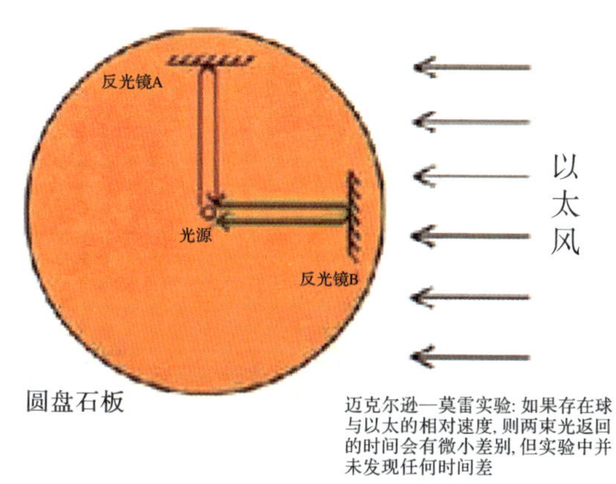

迈克尔逊—莫雷实验原理图

这个“零结果”对经典物理学是一个严重挑战。在经典物理学中，“以太”犹如牛顿的“绝对参照系”（这个概念在介绍相对论时再来讨论）。如果把迈克尔逊实验的“零结果”解释为地球相对于“绝对参照系”是不动的，那就是说地球在宇宙中是不动的，地球是宇宙的中心！这就又要回到托勒密的地心说。如果承认哥白尼的日心说，那就必须放弃“以太”说，而这样一来，就不能解释电磁波在所有参照系中都以光速传播的事实，这同样也会动摇经典物理学的基础。这个两难问题，在当时就被认为是已建成的物理学大厦远方上空的一朵小小的“乌云”。不要小看这朵小小的“乌云”，它引起了青少年时代爱因斯坦的沉思，从而引发了一场物理学的革命，开创了相对论时代。

五、放之宇宙而皆准的热力学体系

我们常用“放之四海而皆准的理论”一语，来形容某一个理论的准确和适用范围的宽广。不过“四海”还只是个囿于中国的概念，至多是个地球上的概念。这样一个概念对于我们所讨论的宇宙来说，实在是太渺小了。我们需要的是“放之宇宙而皆准的理论！”有没有呢？有！它就是19世纪物理学的另一个辉煌——热学理论。

热学理论是由于提高蒸汽机效率的需求而发展出来的。这个理论不仅对工业革命起了推波助澜的作用，而且还建立了一个放之宇宙而皆准的理论体系——热力学体系。热力学的理论体系不仅在地球上、通常的宇宙天体上适用，对于像黑洞这样的特殊天体，也只需稍加修正就能适用，故而它真正是一个“放之宇宙而皆准的理论”。19世纪热学理论的发展与蒸汽机的发明和使用有着不可分割的联系。

蒸汽机和第一次工业革命

18世纪60年代，开始了历史上的第一次工业革命。一般谈到第一次工业革命的起因时，总说是封建制度的崩溃、圈地运动解放了大批农村劳动力、手工工匠技术的积累等。其实这里还忽略了一个科学上的因素：牛顿的万有引力定律和三大运动定律不但奠定了经典物理学的基础，同时也为近代机械工程学打下了坚实的基础。没有牛顿的力学理论，作为第一次工业革命标志的瓦特蒸汽机、珍妮纺纱机就不可能出现。

蒸汽机出现的伟大历史意义是机械力代替了人力。人们通常都说是瓦特发明了蒸汽机，将人类带入了“蒸汽时代”。其实瓦特只是改进了前人发明的蒸汽机，使之成为实用。追本溯源，世界上第一台蒸汽机是公元1世纪古希腊亚历山大城的发明家、数学家希罗发明的汽转球。汽转球并无实用价值，只可作为一种玩具。汽转球是把一个有着两根管

瓦特蒸汽机

子作出口的空心球，连接在一只盛水的密封锅上，加热使水沸腾，蒸汽从两根管子向相反方向喷出，从而使球转动。真正意义上的蒸汽机是指17 世纪末、18 世纪初出现的装置，如 1712 年托马斯 · 纽科门（1664 ～ 1729）发明的纽科门蒸汽引擎。但它的耗煤量大、效率低，所以应用并不广。1764 年英国格拉斯哥大学的修理工詹姆斯 · 瓦特（1736 ～ 1819），在修理纽科门蒸汽机时，看到了这种缺点，发明了设有凝汽器的蒸汽机来改进，才使它真正成为实用。1769 年经瓦特改进的蒸汽机取得了英国的专利，后来人们认为这一年是真正实用的蒸汽机诞生年。蒸汽机应用的一个成功实例是 1812 年蒸

珍妮纺纱机的模型

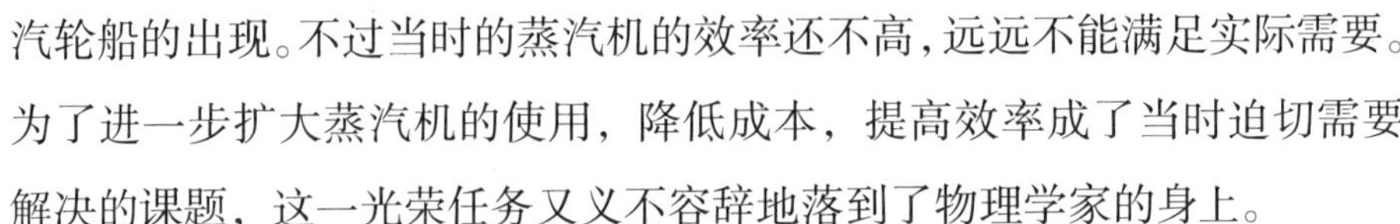

汽轮船的出现。不过当时的蒸汽机的效率还不高，远远不能满足实际需要。为了进一步扩大蒸汽机的使用，降低成本，提高效率成了当时迫切需要解决的课题，这一光荣任务又义不容辞地落到了物理学家的身上。

为了完成这一任务，物理学家对与此有关问题进行了深入的研究，不但解决了提高蒸汽机效率的实际问题；更重要的是在宏观上发展出了一套普适的热力学公理系统；在微观上确立了以原子、分子论为基础的统计理论。这些构成了 19 世纪物理学辉煌的另一道靓丽的风景线。这套理论即使在讨论现代的宇宙论、黑洞理论时，仍然正确。

永动机情结

蒸汽机以及以后出现的内燃机等统称为热机，1824 年法国工程师卡诺发现了热机普遍性质：必须在高温热源和低温热源之间工作。并指出“凡是有温度差的地方就能够产生动力；反之，凡能够消耗动力的地方就能够形成温度差、破坏热平衡。”有温度差就能产生动力这句话容易理解：蒸汽机中，产生蒸汽的锅炉就是高温热源、排放废气到空气中去的空气就是低温热源。后面那句“凡能够消耗动力的地方就能够形成温度差”就有些难理解。让我们举个日常生活中的例子来加以说明：现在家庭中的冰箱和空调就是这样的装置，它们消耗了电能（动力），使冰箱内冷得结冰，冰箱周围的空气热了起来，这不就是制造了“温度差”，破坏了“热平衡”吗？空调也这样，通过压缩机做功，把房间里的热量搬到室外的空气中去（制冷），或把室外的空气中热量搬到房间里来（取暖）。卡诺还设计出来一种热机工作的理想循环，叫卡诺循环，并指出以卡诺循环工作的热机效率最高，这也被称作卡诺定理。我们家中的空调机是按卡诺循环设计的，所以冬天取暖时，它要比其他任何取暖装置（如红外线取暖器）都省电。

热机的出现开始了人力能被机械力代替的新时代。热机在工业、交通等诸多领域的广泛使用，使得有经济头脑的人们思考如何能降低热机的使用成本。甚至有些科学家和工程师企图一劳永逸地制造出一种不需

消耗能量、能永远工作的机器——永动机。能有这样的机器实在是太好了，生产成本将会大大地降低，工厂主更能大把大把地赚钱。一时间各种各样、五花八门永动机的设计图纸，像雪片一样飞向法兰西科学院，要求承认他们的发明。起初法兰西科学院还认真审查这些设计图纸，然后一一指出其中的谬误。后来这类设计实在太多，使得他们应接不暇，严重影响了日常工作，导致法兰西科学院做出了一个结论：永动机是不可能制成的！今后一律不再接受审查此类设计的申请。那么，到底有什么依据能让法兰西科学院做出这么一个近似专横、独断的决定呢？依据就是宇宙间的一个普遍成立的规则——能量守恒定律：能量只能转换，而不能凭空产生。能量守恒定律是放之宇宙而皆准的真理。即便讨论像黑洞、虫洞等现代课题，能量守恒定律也是必须遵循的。能量守恒定律的发现彻底宣告了永动机的不可能实现。

说来也奇怪，最初指出能量能够转化的并不是物理学家，而是一位医生。一位名叫迈尔（1814 ~ 1878）的德国远洋船医生，有一次随船航行到地处赤道附近的爪哇，发现那里病人静脉中的血要比德国病人的血更红一些。他反复思考这一现象，想到了可能是食物中的化学能可以转化为热能，爪哇地处热带，人体消耗的热量少，食物进入人体后只有较少的被氧化，所以静脉血液中就有较多的氧剩余下来，从而导致静脉血更红。化学能转化为热能，这就涉及不同种类能量之间的转化。1840 年，他发表了《关于无机界能量的说明》一文，首次提出了不同种类的能量可以相互转化的原理。不过，他是以推理方式得出的，所以不易为人们所接受。另一位德国物理学家和生理学家亥姆霍兹（1814 ~ 1878）也是从生理学角度着手研究能量守恒和转化问题的，他不但用数学形式表达了能量守恒和转化原理，把它应用到力学、热学、电磁学、天文学以及生理学中去，更重要的是他把这一原理与永动机的不可能实现联系了起来。

英国物理学家焦耳（1818 ~ 1889）实验测得了热功当量，给出了能量守恒和转化原理的定量关系，奠定了能量守恒定律的实验基础。

所谓热功当量就是热量和功之间变换关系，现在公认的热功当量的值为 4184 牛·米/千卡，就是说 1 千卡的热量等于 4184 牛·米的功。至此能量守恒定律正式确立，能量守恒定律也叫热力学第一定律。热力学第一定律也可叙述为不可能制造出（第一类）永动机。

虽然（第一类）永动机被热力学第一定律宣判了死刑，但迷恋永动机的情结仍未打开，有人就设计出了第二类永动机。第二类永动机是指那些既不违反能量守恒定律、又能永久运转的热机，例如能够不断吸取海水中的热量而运转的热机等。那么这类热机是否可以制造呢？回答同样是否定的。要解释这个问题，必须讨论热学过程的方向性问题。让我们花一些笔墨，从非常古老的“钻木取火”说起。

从“钻木取火”谈起

“火”的使用是人类发展史上的一个重要的里程碑，“火”让我们的老祖宗告别了饮血茹毛的原始生活，文明社会由此开始。那么，“火”是从哪里来的呢？对于这个问题，不同的民族有着不同的回答。古希腊的传说认为“火”是普罗米修斯从十二主神居住的奥林匹斯山上偷来的。

钻木取火

我国的传说则认为是三皇五帝中三皇之一的燧人氏发明了“钻木取火”，并授之于百姓，自此就有了“火”。

在这些传说中，笔者倒觉得还是中国的传说可能更靠谱一些，虽然这有些王婆卖瓜自卖自夸之嫌，但理由有二：理由之一是，普罗米修斯偷来的是火种，必须保存起来，人们才能使用，就像奥运会的火种必须保存到奥运会结束那样。而燧人氏教给人们的是取火的方法，有了取火的方法，就可以随时随地地用火；其二是普罗米修斯偷“火”，纯属神话传说，而“钻木取火”有着石器时代人类生活的影子。“钻木取火”是在早期人类漫长的劳动实践中总结出来的，燧人氏只是个代表人物而已。

“钻木取火”时，钻木所做的功可以全部转变为热量，从而达到“取火”的目的，即“钻木”能“取火”。那么倒过来“取火”能不能“钻木”呢？当然这应该也是可以的：火能产生蒸汽，推动蒸汽机，运转工作机械，然后去“钻木”。但是进一步的实验表明，4184 牛·米的功（不考虑损耗）确实可以转化为 1 千卡的热量，而 1 千卡的热量却不能全都转化成 4184 牛·米的功。系统从外部获得的热量只有一部分才能用来对外做功，这部分能量叫“自由能”，意为可以自由地对外做功的能量，另外一部分能量却不能。“钻木（功）”→“取火（能量）”和“取火（能量）”→“钻木（功）”这两个相反的过程竟然不对称！

为什么加热容易，制冷难

与“功”变“能”和“能”变“功”两个互反的过程不对称类似，“加热”和“制冷”这两个互反的过程也不对称。自从人类会“钻木取火”后，加热煮东西，烤火取暖在几千年前就是一件非常容易的事。而与此相反的“制冷”直到几千年后的今天，才变得容易起来。如夏天想喝杯冰镇饮料，现在只要顺手从冰箱中拿来就是。可是在一个多世纪前，还不是如此，即便是天潢贵胄、王公大臣要喝冰镇饮料也必须在冬季把天然冰储存起来，到来年夏天再用。20 世纪 50 年代冰箱虽然已有，但尚未进

入寻常百姓家。生活的许多方面，仍然在使用天然冰。“大跃进”时期笔者在上海读高中，记得那年夏天还曾参加一项勤工俭学活动——挑冰：把冬天储存在茅草棚里的冰，挑到船上去。

那么，这两个互反的过程为什么会不对称呢？这种不对称反映了过程的行进是有方向性的。在“功”变“能”和“取暖”这样进行方向上，是没有什么条件限制的，可以自由进行；但是相反的过程，却必须满足一些必要的条件才能行进，这就是不对称。这种不对称的背后隐藏了一条重要的热学规律，直到 19 世纪中叶，才有两位物理学家搞清楚了这一点，并给出了权威的结论性意见。德国的克劳修斯（1822 ～ 1888）在 1850 年发表的一篇论文中指出：热量自发地从低温向高温物体传递而不引起任何其他影响是不可能的。另一位是上一部分中提到过的开尔文爵士，他在 1851 指出：从单一的热源吸收热量在循环过程中全部转变为功，而不引起任何其他影响是不可能的。注意在克劳修斯和开尔文爵士两人的说法中都有“不引起任何其他影响”一词，这是一个非常重要的限制，没有这个限制，“制冷”就会和“加热”一样容易了，单一从海水中吸取热量的永动机也能制造出来了。他们两人的叙述看起来不同，但都回答了相同的问题：第二类永动机不可能制造。这就是热力学第二定律，热力学第二定律也可以直接表述为第二类永动机不可能制成。

由于第一类永动机明显违反热力学第一定律，即能量守恒定律，故没有人再花心思去发明它了。对第二类永动机则不然，虽然一个半世纪之前，已经阐述清楚了第二类永动机不可能制成的道理，但时至今日，仍然有人迷恋于它。举一个例子，1958 年被特赦的国民党中将王维，释放前就一直在抚顺战犯改造所里试图制造这类永动机，据说释放后也仍在继续，直到去世。这类永动机往往都异常复杂，轻易还真不容易找出其谬误来。而试图设计这类永动机的人，还真都是些希望为科学技术做出贡献的有志之士，没有科研经费，他们就自掏腰包，购置材料做实验。不过科学的规律是不容违背的，这类企图是注定不会成功的。

行进的方向标 >>>

热力学第二定律的克劳修斯和开尔文爵士表述虽然都指出了过程的行进的方向性，但都只是定性的说明，那么有没有物理量可用来作定量的判断?

曾有一位法国化学家柏尔赛罗指出：任何反应总是沿着生成的热能最大的方向进行。这作为一个经验性的判据尚可，因为大多数自发的化学过程确实是放热的。但决不能作为一个定律，因为也有少量过程是伴随着降温的。例如，在结冰的路上撒盐，可以融化冰，但冰融化后形成的盐水的实际温度比原来的温度还要低。那么，物理过程或化学反应究竟沿什么方向进行的呢?

上面已讲到一个系统不能把传递给它的热量全部用来对外做功，也就是说不能把传递给它的全部能量转变为机械能，能转变的那部分叫作自由能；那么不能转变的那部分叫什么呢？克劳修斯在 1865 年引入了一个新的物理量，用于描述这一部分不能转变为机械能的能量，这个物理量叫“熵（entropy）”。entropy 没有对应的中文词，“熵”是为了翻译而生造出来的。

系统处于某一温度时的“熵”等于该系统所具有的热量去除以它的绝对温度。“熵”的物理意义就是“热、温之比”，因此，“熵”是一个定量的物理概念。有了这个定量概念就可以很容易地判断过程行进的方向了：所有的过程都是向着熵增加的方向进行，熵就是过程前进的方向牌!

有了熵的概念，就可以把热力学第二定律表述为“熵增原理”：过程永远向着熵增加的方向进行。

宏观和微观的桥梁 >>>

克劳修斯在 1865 年引入“熵”还只是一个宏观物理量，19 世纪中叶以后麦克斯韦、玻尔兹曼等人建立起了热学的微观理论——统计物理学。那么，如何从微观上、统计物理学的意义上来理解“熵”的意义呢?

奥地利伟大的物理学家玻尔兹曼（1844 ~ 1906）从分子论的观点出发，给出了“熵”的微观意义：“熵是分子无序度的量度”，并给出了“熵”与“无序度”的定量关系，即著名的玻尔兹曼关系。在此我们不得不使用一下数学公式了，因为不用公式将无法说明“熵”的微观意义。玻尔兹曼关系为：

$$S=k\cdot\log W$$

玻尔兹曼关系左边的 S 代表宏观物理量“熵”；右边的 k 是一个比例常数，叫玻尔兹曼常数；W 表示微观领域的分子可能状态数（即无序度），W 前面的数学符号 log 是对数符号。由于分子状态数 W 非常巨大，计算起来很不方便，所以对它取了对数。一个大数取了对数之后，可以小许多，例如 1 亿，在 1 的后面有 8 个零，取了对数之后就为 8。W 一般来讲要在某个数字的后面加 20 多个零，取了对数之后就只要将这个数字乘上 20 多（零的个数）即可。玻尔兹曼关系建立起了某一系统的宏观量熵 S 和此系统所对应的可能的微观态数目 W 之间的联系，也就是说在宏观量和微观量之间架起了一座桥梁。

在维也纳中央公园的玻尔兹曼墓碑，墓碑顶上是他的关系式

从玻尔兹曼关系可以看出，微观状态数目 W 越大，熵 S 的数目也就越大。热力学第二定律是说过程总是向着熵增加的方向进行，熵 S 的数目的增加，就是微观状态数目 W 的增加，而 W 越大就意味着越混乱。这可用一个简单的例子来加以说明：把一升绿豆和一升赤豆放在一起，用手去搅拌，只会越搅越乱。经验告诉我们，把已经搅乱的这两种豆

子，继续搅下去的话，是不会搅成原有状态的（即一半绿豆一半赤豆）。两种豆子放在一起总是越搅越乱，就是表明熵在增加，所以热力学第二定律就是指明任何过程总是向着越来越混乱的方向发展。这是玻尔兹曼关系的重大意义所在，因此它被作为玻尔兹曼贡献的代表，镌刻在他墓碑的顶端。

玻尔兹曼的悲剧

顺便介绍一下，玻尔兹曼是一位伟大的物理学家，阐明“熵”的本质的“玻尔兹曼公式”并不是他对科学的唯一贡献。限于篇幅，当然不能对他的功勋一一加以介绍，但有一件事必须提一下。玻尔兹曼是一位具有超前意识的，坚定支持原子、分子学说的物理学家，这却为他带来了许多困惑。虽然 19 世纪初英国的道尔顿已提出了科学的原子论；19 世纪 20 年代发现的布朗运动证实了分子的存在，但是以原子、分子论为基础的气体分子运动理论在 19 世纪末、20 世纪初时，仍然没有成为主流的学说。当时的主流学说是以德国物理学家奥斯特瓦尔德（1853 ～ 1932）为代表的唯能论和以马赫（1838 ～ 1916）为代表的实证论。唯能论认为物质不是能量的负载者，而只是能量的表现形式。因此物质以及原子、分子等概念都是多余的，只要用能量及其转化就能够满意地解释各种现象。1895 年奥斯特瓦尔德做了题为《克服科学的唯物论》报告，旗帜鲜明地反对原子、分子论，从而引发了与主张原子、分子论的玻尔兹曼之间的长期论战。由于玻尔兹曼所主张的一些正确理论太过于超前，遭到了对此理解不了的物理学界一些前辈们的责难。加上当时的科技、工业水平还不能够观测到分子、原子这样的微观客体，使他无法通过实验来驳斥实证论者和唯能论者非难他的论点。以致玻尔兹曼始终难以摆脱这场哲学争论的困扰，长期的论战使他身心疲惫，加上身体健康状况不佳，最终导致 1906 年 9 月 5 日他在意大利（当时为奥匈帝国）的里雅斯特市郊风景优美的小镇杜依诺自杀身亡，终年仅 62 岁。

超越物理学的“熵”

玻尔兹曼阐明了“熵”的本质是混乱度或无序度，这不仅对物理学起了重要作用，而对其他科学门类，甚至对社会科学的作用也非同小可。下面举几个例子作为说明，由此可见一斑。

负熵和管理

由于熵是“混乱度”或“无序度”，热力学第二定律，亦即熵增原理，实际上就是指出任何过程都是向着混乱的方向发展。这一原理不但在自然界正确，就是在生命科学以至于人类社会中也是正确的。有人可能会问，照此说法，我们的社会将会越发展越混乱，显然这是与现实情况完全矛盾的！其实这并不矛盾，如果我们对社会的发展不加任何限制，的确社会将会愈来愈混乱。但我们有政府、警察和各种社会团体来管理，所以我们的社会仍然安定、有序，在这里管理起了重要的作用。管理，实质上就是输入负熵。输入了负熵，就能使体系不会越发展越混乱，而保持有序。一个企业管理得好（负熵输入得多），就能发展；管理不好（负熵输入得少，甚至不输入），就会越来越混乱，最终导致破产。

“熵”与可持续发展

近年来，发展经济要走可持续发展的道路已成为世人的共识。那么，究竟什么样才算是走可持续发展的道路呢？其实，从物理学的角度来看很简单：走可持续发展道路就是在社会发展的过程中，使得熵的增加率降到最低。

人为什么要吃饭

人为什么要吃饭？这个问题似乎是与“熵”无关。而且连幼儿园的小朋友都从《十万个为什么》书上知道，吃饭是为了获得能量、维持生命。这个回答对不对？对！但不够完整。吃饭不单单只是为了获得能量，而且单凭获得能量还不足以维持生命！

要正确回答这个问题，还得提一下薛定谔（1887 ～ 1961）关于生命是什么的观点。奥地利物理学家薛定谔是量子力学的创始人之一，但他后来对量子力学、特别是量子力学的统计解释感到无法理解。他提出了

著名的“薛定谔猫”，用它来反对量子力学的统计解释（在后面介绍量子理论时，还会谈到）。最后，他发誓不再研究物理学，转而研究生物学。与他在物理学的研究中取得了巨大成就一样，在生物学的研究中他也取得了巨大成就。1943 年 2 月他在爱尔兰首都都柏林的三一学院作了几次报告，阐述了“生命是什么？”在此基础上，1946 年出版了《生命是什么——活细胞的物理观》一书。他提出了三个著名的论点：

（1）生命体是依赖负熵为生的。

（2）遗传是以密码形式由染色体传递的，而其物质基础是大分子。

（3）生命是以量子规律为基础的。

自此对“生命”作了严格的定义。生命是什么？生物体是一个高度有序的系统。生命的进程也是遵循基本的物理规律的，包括热力学第二定律，人体也不例外。人的一生，出生、成长到衰老、死亡，就是一个从有序到无序的过程。但这是一个较为漫长的过程。在相当长的一个时期（青壮年期）内，人体一直是有序的。偶尔的无序就是生病。根据热力学第二定律，人体应是一天比一天更无序，即今天比昨天无序，明天比今天更无序。那么为什么在相当长的一段时间内，我们的身体并不感觉到日益无序化的现象呢？这就是我们每天吃饭的结果，吃饭除了吸收能量外，还吸收了“负熵”，吸收了“负熵”就减缓了无序化的进程。

根据薛定谔的论点（1）——生命体是依赖负熵为生的，这就全面地回答了“人为什么要吃饭”的问题。人吃饭不但是为了获得热量，而且还要获得负熵，从而使人体始终保持有序，即健康。那么，食品中的负熵是从哪里来的呢？是太阳光给我们带来的。我们经常说万物生长靠太阳，这千真万确，太阳光不但给地球带来了能量，而且也给我们带来了负熵。为什么太阳光会带来负熵？道理很简单，太阳的表面温度为6000℃左右，远比地球向太空辐射的温度20℃左右为高。而根据熵是热量、温度之比的定义，太阳传给地球的熵与太阳的温度成反比；地球辐射出去的熵与地球的温度成反比，故太阳传给地球净熵是负熵。这是太阳光给我们带来负熵的道理。正是太阳带来的负熵保证了人体在生长发育成

年的几十年间始终保持有序。人体的衰老病死才是熵增过程，这时热力学第二定律在起作用了。

熵和进化论

西方的一些宗教界人士企图用热力学第二定律来攻击达尔文的进化论，从而证明上帝创造人类的“创造论”的正确。根据达尔文的进化论，生物是由低级向高级进化的，这就是说愈进化，生物体就愈有序。因此他们就攻击说达尔文的进化论是违背热力学第二定律的，所以是错误的。在这里他们忽视了两个因素：一是生物体吸入负熵会保持，甚至增加它本身的有序程度；二是生命过程不单是简单的物理过程，还有包含着更为复杂的非线性相互作用的过程，非线性相互作用也会使过程从无序向有序发展，如自组织、混沌等现象。正是有这些复杂的因素的存在，才使生物进化成为可能，当然在这方面还有许多问题未搞清，尚有待于进一步的研究。

熵和信息

熵和信息是如何联系起来的？这还得从麦克斯韦提出他那著名的“麦克斯韦妖”说起。1871 年麦克斯韦设想有这么一个装置：用隔板把一个充满气体的容器分隔为两部分，隔板两边的物理条件（温度、压强、密度等）完全相同。在隔板上开一小孔，并让一个想象中的“妖怪”守在小孔旁。这个“妖怪”有一特殊的本领，它能让运动速度大于平均速度的气体分子向小孔的某一边运动，而让运动速度小于此速度的气体分子向另一边运动。时间一长，容器内隔板两边的温度就不一样了。容器内的气体本来是处于热平衡状态，由于这个“妖怪”的作用，隔板两边就有了温差。在这个过程中“妖怪”并没有做功，而熵是减少的，所以是违背热力学第二定律的。后人就把这一装置叫作“麦克斯韦妖”，并认为这是对热力学第二定律的一个挑战，这个问题几十年一直没有解决。

解决这个问题的是匈牙利物理学家齐拉德。1929 年他在一篇论文中指出这个妖怪要做到把气体分子赶到小孔的两边，它必须首先获取有关气体分子运动的信息，如速度、位置等。获取信息的过程就是测量，而

在测量过程中，熵是要增加的。“麦克斯韦妖”的特殊功能，实际上是通过一个智能过程而使体系的熵减少，因而智能过程就是输入负熵的过程。这样“麦克斯韦妖”就使熵与信息联系了起来，这个问题的彻底解决，要等到信息论的建立。

1948年信息论的创始人香农（1916～2001）给出了关于熵与信息之间联系的精确定义：熵就是信息的缺失，也就是说信息量就是负熵。“麦克斯韦妖”首先获得信息的过程，就是获得负熵的过程，因而能使容器内的温度一边冷一边热。推而广之，一切获得信息的过程，均是熵减少的过程。受教育是获得负熵，学技术是获得负熵，甚至于读书看报均是获得负熵。因为这些过程均是获得信息的过程。信息多了，知识多了，做起工作来就更为有序了。在此意义上就更加容易理解管理就是输入负熵。后来有人把香农定义的熵，称为“信息熵”，以便与玻尔兹曼定义的“热力学熵”相区别。

最近在天体物理和宇宙学的研究领域内，熵也是一个热门话题。如黑洞熵、宇宙熵以及与之有关宇宙全息原理等内容已经成为当代宇宙学研究的热点。这些将在后面加以介绍。

热力学体系

经过亥姆霍兹、焦耳、克劳修斯、开尔文、麦克斯韦等人的不懈努力，到19世纪后期，已经形成了热学理论的一个完整理论体系。宏观理论有热力学三大定律，微观理论是统计物理学。这些内容占了19世纪物理学大厦的半壁江山。特别是宏观的热力学理论，可以说是一个放之宇宙而皆准的理论。在现代黑洞理论、宇宙学的研究中，或是依然成立，或是稍作扩充即可使用。

热力学第一、第二定律在前面已有介绍。热力学第一定律就是能量守恒定律，这部分的内容为无数事实所验证，也容易理解，故无人会有异议。热力学第二定律，就是熵增原理。虽然“熵”这个概念较为抽象，但在上一小节，已经介绍了它在多个领域中的具体应用，想必大家也已

有了一个直观的概念。

那么，热力学第三定律是什么呢？热力学第三定律指出绝对零度不可能达到，是说绝对零度只能无限接近，而永远不能达到。这是德国化学家能斯脱在 20 世纪初提出的。

1877 年圣诞节前夕，被认为是“永久气体”（即永远不能液化）的氧气被液化了（液化温度 –183℃，即 90 开）、1898 年 5 月 10 日，更难被液化的氢气也被液化了（液化温度 –253℃，即 20 开），这里的开是指绝对温度，绝对温度的零点是 –273℃。于是物理学家们认为只要提高制冷技术，在实验上达到绝对零度（–273℃）是没有问题的。就在大家雄心勃勃地向着绝对零度迈进时，有一个人出来说：不！

此人就是德国化学家、物理学家能斯脱，1906 年他提出了一个著名的假设——能斯脱假设：“当温度趋向于绝对零度时，一个系统的总能量和自由能(即可以对外做功的那部分能量)之差趋向于零”。根据热力学第一定律，总能量等于自由能和内能之和；根据热力学第二定律，体系吸收的总能量不能全部用来对外做功。由此可得能斯脱假设的推论：“绝对零度只能无限接近，永远不能达到。”能斯脱假设为大量实验所证实，十年后，就被举世公认为热力学第三定律。能斯脱为此获得了 1920 年的诺贝尔化学奖。

热力学的三大定律都有了，但还不够，原因是有一个非常的基本概念——温度没有涉及。温度是什么？大家一定会说是冷热的程度，当然这也可算是温度的定义，不过这仅仅是温度在日常生活中的一个通俗的定义而已。要给温度下一个严格的科学上的定义，必须从热平衡概念说起。所谓热平衡是指在与外界没有热交换（绝热）的情况下，两个物体相互接触时，冷的物体变热，热的物体变冷。经过了一段时间两物体的宏观情况不再变化，此时即达到了热平衡。两个物体或系统达到热平衡时，它们的性质相同，在物理上就可用同一个宏观物理量来描述，这个量就是温度。温度可以说是我们在日常生活中使用频率最高的一些词之一，早晨就要听听天气预报，了解当天的气温，洗澡要调节热水器的温度，上医院看病要量体温等。在工业生产和科研上更是离不开温度。标记温度的方法叫温标，目前常用的有摄氏温标和华氏温标两种。我国采用的是摄氏温标。摄氏温标是18世纪瑞典天文学家安德斯·摄尔修斯（1701～1744）制定的。他将水的冰点定为0度；水的沸点定为100度。然后把水的冰点和沸点之间的温度差等分成100个间隔，每一间隔为1度，记为1℃，读作摄氏一度。摄氏温度是一种百分温标，使用方便，故被广泛采用。在英、美和加拿大等国家，采用的是华氏温标。华氏温标是以荷兰物理学家华伦海特（1681～1736）的名字命名的。他以冰水混合时的温度为32度(即冰点)，水沸点的温度为212度。华伦海特建立的温度体系，现被称作华氏温标，用符号℉表示。在科学上还采用另外一种温标，即上面已经提到过的绝对温标。

1939年，英国物理学家福勒（1889～1944）根据实验总结出了热平衡定律，也叫测温定律。有了这条定律，就使温度测量有了坚实的理论基础，故是一条最为基本的热力学定律，甚至比热力学第一定律和第二定律更为基本。不过在这一定律提出以前，就已经有了热力学第一、第二和第三定律，从内容来看把它放在后面叫第四定律并不合适，所以就把这一定律称作热力学第零定律。

热力学第零定律和已有的热力学三大定律构建了一个完整的热力学公理体系。这个体系适用范围非常之广，在广袤的宇宙中，在神奇的黑洞里它仍然成立。

至此物理学大厦的热学部分已经全部完成，遗憾的是与电磁学部分一样，在完美成功的远处天空也出现了一朵小小的乌云。

黑体辐射和第二朵“乌云”

前面已经介绍了19世纪末电磁理论中出现的一朵乌云，即迈克尔逊—莫雷实验明白无误地指出传递电磁波的介质不存在。在热学理论中也同样出现了一朵乌云，那就是经典物理理论不能解释黑体辐射的实验数据。要说明这朵乌云就先要介绍一下什么是黑体辐射，黑体辐射这个概

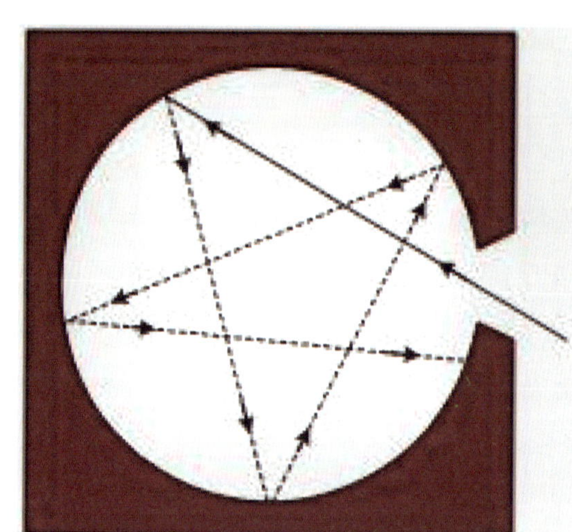

◁‖ 空腔上的小孔可看作黑体 ‖▷

念很重要，在后面介绍宇宙学时还要用到，所以先来说明一下。

黑体辐射是热辐射的一种。日常生活中，如果把手放在一个热的物体的附近，即使没有接触它也会感到热，这是由于任何有温度的物体都会有热向四方辐射出来，这种辐射就叫热辐射。热辐射也是电磁辐射的一种。我们知道一个物体既能吸收或反射外部传来的辐射能量，也能向外辐射能量。如果一个物体能够全部吸收而不反射外来的辐射能量，就叫作“黑体”。就像完全不反射光的物体是黑色的那样，本书介绍的黑洞的“黑”也是这个意思。实际上，自然界里绝对的黑体是不存在的，只是一种理想状态。不过我们可以制造出一个绝对或理想的黑体。例如，一个空腔上面开一小孔，通过这个小孔进入到空腔内的光线（电磁辐射），在空腔内壁多次反射并不能经小孔原路射出去，这样就可以把这个小孔看作绝对黑体。

物体的辐射能力与该物体的材料、颜色等性质有关，黑体是辐射能力最大的物体。这样的物体向外的辐射，就叫作黑体辐射。黑体辐射出的能量对于不同的波长是不同的，下图是实验上测得的能量密度（纵坐标）按波长（横坐标）的分布，称为黑体辐射实验曲线。

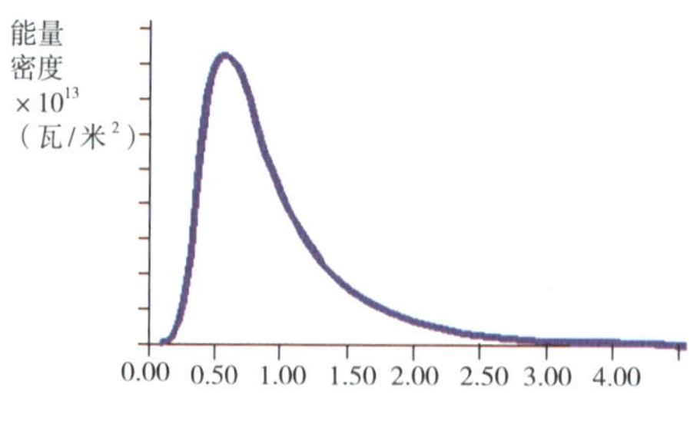

◁‖ 黑体辐射实验曲线 ‖▷

黑体辐射的能量按波长的分布，应该可以从电磁学理论或热力学理论推导出来。1896 年德国物理学家维恩（1864 ～ 1928）由电动力学和热力学理论，推导出了一个能量密度分布公式，被称为维恩辐射定律。此公式在短波部分与实验符合很好，为此，维恩获得了 1911 诺贝尔物理学奖。但在长波部分不符合。

1899 年，英国物理学家瑞利（1842 ～ 1919）和天体物理学家金斯（1877 ～ 1946）根据经典电磁理论和经典统计物理又推导出另一个辐射能量按波长分布的公式——瑞利—金斯定律。该公式在长波长部分与实验曲线符合得很好，但在短波长部分却与实验大相径庭，结果竟然是会成为发散的，即随着波长的缩短，能量会趋向无穷大！由于瑞利—金斯的工作是严格根据经典物理理论得到的，是相当可靠的，故这个导致能量无限大的结果，当时被称为“紫外灾难”。

黑体辐射的实验曲线和理论值的严重不符，这就是第二朵乌云。未曾料想就是这两朵小小的乌云，却引发了 20 世纪初的一场物理学大革命。

六、量子魅影

1900 年，新世纪伊始英国著名物理学家开尔文爵士作了一次瞻望 20 世纪的报告，题为“19 世纪的乌云笼罩着热和光的动力学理论”。在报告中他说道：“在已经基本建成的科学大厦中，后辈物理学家只要做一些零星的修补工作就行了。”如果他只讲了这些，那么这段话根本就不会流传至今。重要的是，他紧接着在后面加上了一句能传诵千古的但书：“但是，在物理学晴朗天空的远处，还有两朵小小的令人不安的乌云。”这两朵乌云就是前面提及的迈克尔逊—莫雷实验和黑体辐射的“紫外灾难”。迈克尔逊—莫雷实验否定了“以太”的存在，导致了爱因斯坦的相对论诞生；“紫外灾难”使得普朗克（1858 ～ 1947）提出量子概念，最终导致建立了量子力学。这两朵乌云动摇了经典物理学的基础，引发物理学史上一场翻天覆地的变革。

“量子”初问世

开尔文爵士提及“基本建成的科学大厦”报告的语音刚落，就在当年 12 月 14 日，德国物理学家普朗克在德国物理学会年会上，作了一个题为《论正常光谱中的能量分布》的报告。普朗克报告了他的惊人发现：热量不能以任意的数值传递，只能以某个最小值的倍数传递，也就是说热量有一个基本单位，任何的热量都只能是这个基本单位的整数倍。能量竟然是不连续的！于是“量子”横空出世了。“量子”的概念是彻底的标新立异，因为在当时已有的所有物理理论中，没有不连续的物理量。

说来也巧，当初普朗克在慕尼黑上大学时，他的导师曾劝说他不要学习物理，因为“这门科学中的一切都已经被研究了，只有一些不重要的空白需要被填补”（这与开尔文爵士和当时许多物理学家所持的观点相同）。但是普朗克并没有听从，这倒不是普朗克有什么雄心壮志，一心想颠覆经典物理，开创量子物理的新纪元。“我并不期望发现新大陆，

只希望理解已经存在的物理学基础，或许能将其加深”，这是他当时的真实想法。就是这位不期望发现新大陆的人，却真正发现了物理学的新大陆，俨然成了量子物理理论的开山鼻祖。

普朗克先在慕尼黑大学（1874 ～ 1877），后转到柏林大学在亥姆霍兹、基尔霍夫等著名物理学家的指导下学习。当时正是 19 世纪经典电磁理论和热力学理论大发展的时期，他选择热学理论作为研究领域，他对克劳修斯的工作和“熵”的概念特别感兴趣，因而 1879 年他提交博士论文就是《关于热力学第二定律》。

在前面已经指出关于黑体辐射的瑞利—金斯公式只在低频（长波长）范围符合，而维恩公式只在高频（短波长）范围符合。普朗克从 1896 年开始对热辐射进行了系统的研究。他经过几年艰苦努力，终于从瑞利—金斯公式和维恩公式，用数学外推法导出了一个和实验相符的公式。1900 年 10 月下旬，普朗克在《德国物理学会通报》上发表一篇只有三页纸的论文，题为《论维恩光谱方程的完善》，文中第一次提出了他的黑体辐射公式。

由图可以看出，这个公式既与黑体辐射的实验曲线相符合，又在低频处自动回到瑞利—金斯公式，高频处回到维恩公式。更重要的是，从这个公式可以推出电磁辐射是按照最小能量单位的整数倍向外辐射能量的结论，也就是说能量竟然是不连续的，有一最小单位，其大小是电磁辐射（光或电磁波）的频率 ν 乘上一个常数 h。普朗克把它叫作“能量子”，后来被简称为“量子”。这个假说太离经叛道了，不要说其他人不相信，就连普朗克本人也并不相信。他

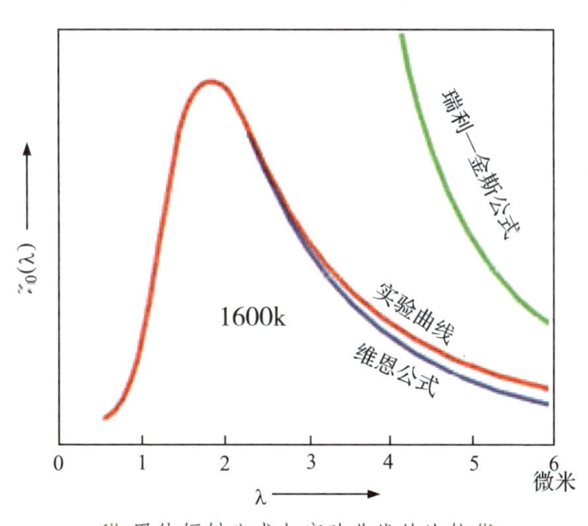

黑体辐射公式与实验曲线的比较

虽然根据公式指出了能量的不连续性，但马上表示“这是不可能的！”

当时的物理学家也大都不相信这个假设。但有一个名不见经传的小人物却相信！此人就是后来鼎鼎有名的爱因斯坦。

初试牛刀

1905 年，在位于伯尔尼的瑞士专利局刚刚被转正为三级技术员的年方 26 岁的爱因斯坦出场了！是他第一个用量子概念去解释了困扰物理学家多时的光电效应。

所谓光电效应简单来说就是光照射到金属表面，会有电子发射出来。这一现象是发现电磁波的赫兹在 1887 年实验时偶然发现的，后来他的学生和助手德国物理学家勒纳德（1862 ～ 1947) 对之做了系统研究，发现了这一现象的几个规律，并将它正式命名为光电效应。勒纳德是一位杰出的实验物理学家，对阴极射线的研究做出了重大贡献，尽管他对阴极射线的解释是错的，他还是因此荣获了 1905 年的诺贝尔物理学奖。恰巧就是这一年爱因斯坦用普朗克提出的量子概念解释了光电效应，而且获得了 1921 年的诺贝尔物理学奖。勒纳德一直为没有把他的名字与爱因斯坦一起放在光电效应理论之上而耿耿于怀。此外他还是一个纳粹党党徒，曾任希特勒的物理学顾问。出于对犹太人的厌恶，他一直反对爱因斯坦的相对论。

实验发现光电效应有如下性质：一是有极限频率（极限波长）存在，即光的频率要大于某一临界值时方能发射电子。二是发射出电子的能量由光的频率决定。三是瞬时性：光照射到金属表面，即刻就有电子发射。这些性质都是直接与经典电磁理论相冲突，因此困惑了人们很多年。按经典电磁理论，光的能量是由光的强度决定的，而不是由频率决定。光电效应的前两个性质明确表示在光电效应中，能量由频率决定。另外根据波动理论，如果入射光较弱，照射的时间要长一些，金属中的电子才能积累到足够的能量脱离金属表面，但第三个性质表明电子是即刻发射的。为此物理学家们做了多种尝试，但多没有成功。

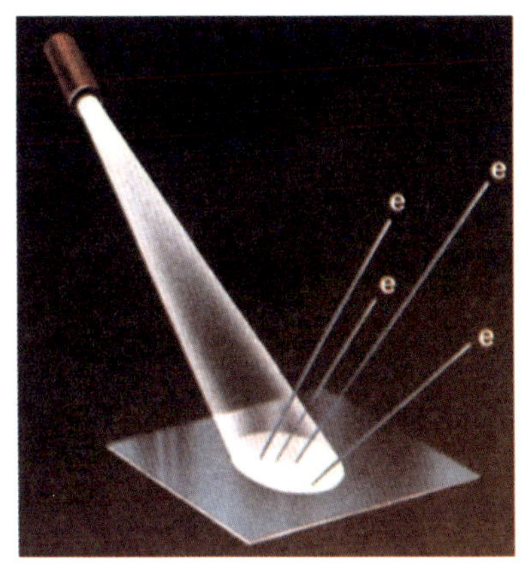

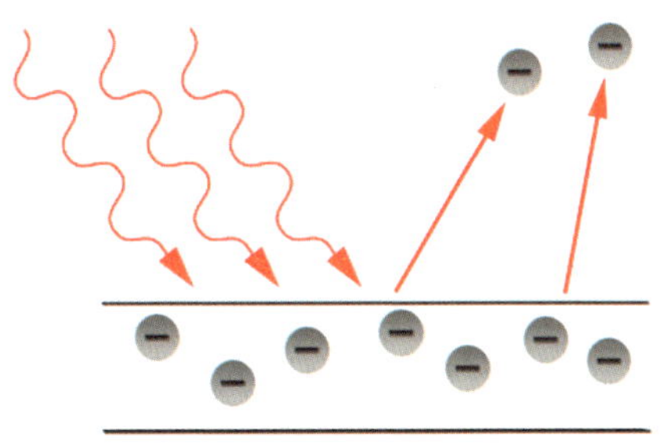

光电效应示意图

1905 年，爱因斯坦发表《关于光的产生和转化的一个启发性观点》一文，用光量子理论对光电效应进行了全面的解释。根据普朗克的量子假设，能量的最小单位是 $h\nu$，这样一来，就很容易解释光电效应的三个性质，长期困惑物理学家的困难就迎刃而解了。1916 年，美国科学家密立根（1868 ～ 1953) 通过精密的实验定量地证明了爱因斯坦的理论解释正确。由于对光电效应的理论解释，爱因斯坦荣获了 1921 年的诺贝尔物理学奖。密立根荣获了 1923 年的诺贝尔物理学奖。

玻尔的“剽窃”

爱因斯坦应用量子假设对光电效应作了正确的理论解释，这仅仅是对它的第一个有力的证明。对量子假设的另一个有力证明是建立了稳定原子的模型。这是尼尔斯 · 玻尔（1885 ～ 1962）于 1913 年提出的，也称原子的玻尔模型。这个模型的提出，象征着原子的量子理论正式确立，玻尔由此也被称为原子物理学之父。使人想不到的是就在当年，伦敦的一个小报记者在报上发表了一篇文章，指责玻尔是“剽窃”了别人的思想而提出他的原子模型的。那么究竟是怎么一回事呢？

这还得从原子的结构说起。自古以来人们一直在考虑物质的结构问题，我国战国时代的公孙龙子就有“一尺之棰，日取其半，万世不竭”的著名论断。与此相反，同为战国时代的惠施说：“至小无内谓之一”；

墨翟也说过“端”具有“非半”的性质。前者是物质无限可分的观点；后者则是物质有最小组元（“一”或“端”）的观点。在古希腊也有物质的四元说、德谟克利特提出的“原子论”等。希腊文中“原子”一词意为“不可分割”；中文里“原”字的本义也是“最初、最基本”。不过在科学尚不发达的古代，对这些问题，人们只能进行一些哲学上的思辨或猜测，还谈不上是科学理论。真正科学意义上的原子论是英国化学家道尔顿在 19 世纪初提出的，道尔顿说的“原子”已不是古代猜测中的一个哲学概念了，而是一个科学上实在的“基本组元”了。自那之后，在差不多整个 19 世纪里，原子一直被认为是不能再分的物质最小组元。不过这种情况到 19 世纪末发生了根本变化，不可分的原子居然也能够分了。

1897 年，英国物理学家汤姆逊对于阴极射线提出了一种与勒纳德不同的解释：阴极射线不是波，而是由一种带负电荷的粒子所组成。这个粒子就是第一个被发现的基本粒子——电子。1909 年，卢瑟福与他的两个学生通过 α 粒子的散射实验发现了原子有核存在。于是 1911 年卢瑟福提出了原子的有核模型：原子的主要质量集中在它的“核”上，电子环绕这个核旋转，样子有点像太阳系。自此开始，本来认为物质最小组元的原子被分成了原子核和核外电子两部分。不过卢瑟福的原子模型有

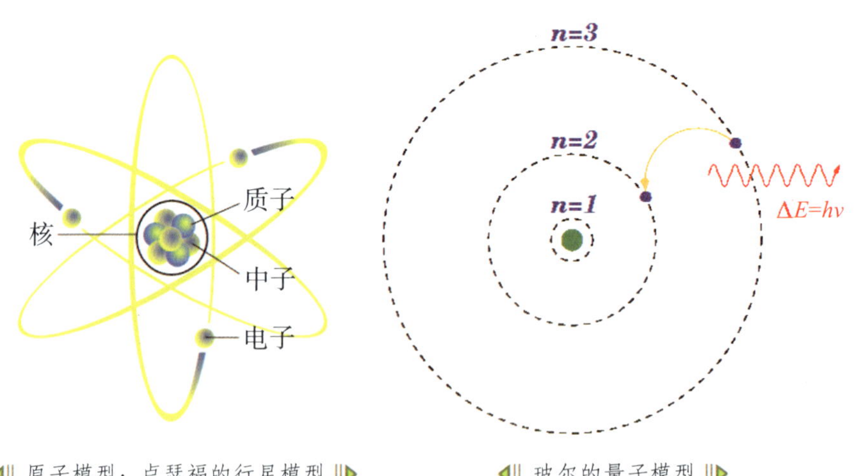

原子模型：卢瑟福的行星模型　　玻尔的量子模型

一个致命的缺点，这个模型不稳定。因为按照麦克斯韦的电磁理论，电子绕核做圆周运动会引起电子发射电磁波，损失能量。不断损失能量，电子运动轨道的半径就会越来越小，最后掉落到原子核上去。是玻尔把量子概念用到了原子模型上，使该模型稳定了，并且由此正确地推出了氢原子的光谱数据。

玻尔是一位堪与爱因斯坦相提并论的伟大物理学家，他们同为20世纪物理学革命的领军人物，都对量子论的产生做出了杰出的贡献。他们又是一对相互敬仰的诤友，由于在如何解释量子理论上存在着观点上的分歧，整整论战几十年。玻尔去世时，在他办公室的黑板上，还留着爱因斯坦诘难他的问题。这种高水平的学术争论不但在物理学史上留下了千古美谈，而更重要的是真理越辩越明，极大地推动了物理学的发展。

玻尔起初在丹麦学习和工作，研究课题是金属电子论。出于对理论物理的爱好，后来前往英国著名的卡文迪什实验室跟随汤姆逊学习。一到那里，他立即成了卢瑟福原子模型的忠实"粉丝"，着手对它进行深入研究。他把量子概念引入了原子模型，并于1913年提出了被后人称为"玻尔模型"的理论。这个理论是基于量子化的假定：核外电子不能沿着任意轨道运动，而只能在特定轨道上运动。每一个这样的轨道，叫作定态。在定态轨道上运动的电子不发射电磁波，也就不会丧失能量，不会坠落原子核，因此原子是稳定的。原子中电子可通过吸收或辐射光子，由某一定态跃迁到另一定态上。吸收或辐射的光子的能量等于两个定态的能量之差，其大小符合普朗克"能量子"的假定。

于是卢瑟福原子模型的不稳定问题被彻底摆脱，明眼人一眼就看出，玻尔模型与卢瑟福模型的根本区别是多了一个"不"字，电子作圆周运动不发射电磁波，不会丧失能量，不会坠落原子核。这个关键词"不"，被那个小报记者敏感地捕捉到了，因而说玻尔"剽窃"了当时在伦敦上演的一个喜剧的思想。这个喜剧的内容有些像我国的"七仙女下凡"之类的神话传说。说的是天上有一个仙女的王国，国中有一条法律："凡仙女与凡人谈婚论嫁者死。"一天女王发现她最宠爱的女官居然在和人

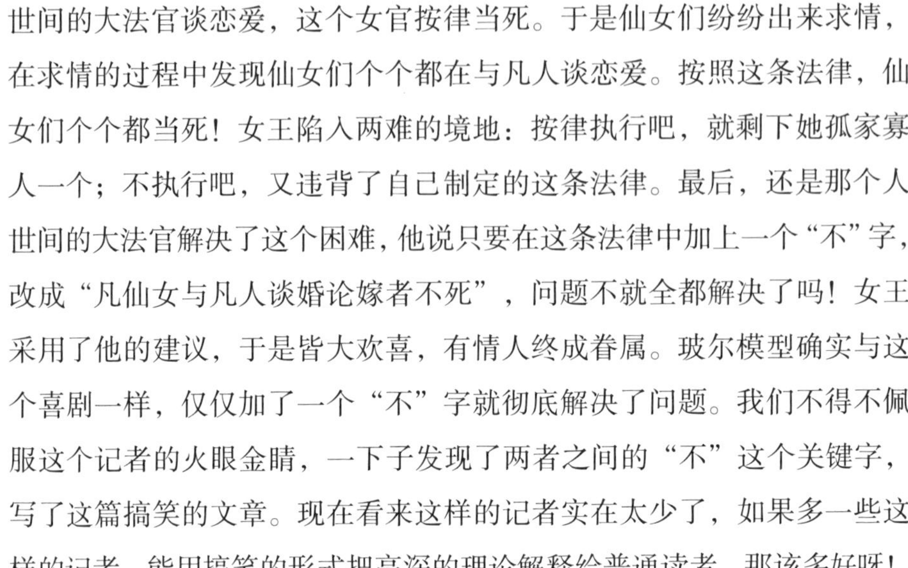

世间的大法官谈恋爱，这个女官按律当死。于是仙女们纷纷出来求情，在求情的过程中发现仙女们个个都在与凡人谈恋爱。按照这条法律，仙女们个个都当死！女王陷入两难的境地：按律执行吧，就剩下她孤家寡人一个；不执行吧，又违背了自己制定的这条法律。最后，还是那个人世间的大法官解决了这个困难，他说只要在这条法律中加上一个“不”字，改成“凡仙女与凡人谈婚论嫁者不死”，问题不就全都解决了吗！女王采用了他的建议，于是皆大欢喜，有情人终成眷属。玻尔模型确实与这个喜剧一样，仅仅加了一个“不”字就彻底解决了问题。我们不得不佩服这个记者的火眼金睛，一下子发现了两者之间的“不”这个关键字，写了这篇搞笑的文章。现在看来这样的记者实在太少了，如果多一些这样的记者，能用搞笑的形式把高深的理论解释给普通读者，那该多好呀！

玻尔的量子化假定既解决了原子模型不稳定问题，又建立了量子理论的基础，其功不可谓不伟大。不过这只仅仅是量子论的开始，后面的道路还很漫长。

玻尔的量子化理论虽然在处理氢原子时很成功，但处理其他更为复杂的原子时就不行了，为此许多物理学家对玻尔模型作了种种改进和补充，一下子使得非常简洁的玻尔模型变得异常复杂。科学发展的历史告诉我们，凡是一个理论变得愈来愈复杂时，那说明它已经发展到头了，要有新的理论来替代它了。

是粒子还是波呢

这时法国一位官二代出场了，他就是路易·德布罗意（1892～1987）。有的书上称他为王子，大概是因为在他的姓氏头衔中有一个prince，不过这里的prince意为贵族而非王子。其实在那时他连贵族的爵位都没有，只是第五代布罗意伯爵的小儿子。即使父亲死后也是他的哥哥、嫡长子莫里斯继承爵位成为第六代布罗意伯爵。直到1980年哥哥去世后，才轮到他继承爵位（第七代布罗意伯爵）成真正的贵族。不过他的父亲曾任法国的外交部长，按照现时的叫法，称他为官二代，倒是蛮确切的。

当时欧洲的风气，贵族的公子哥儿们都是些饱食终日、无所事事的纨绔子弟。所以在有些书籍和网络上，说他也是这么一个人。穷极无聊时，他突发奇想，对物理特别是当时颇为时髦的量子物理感兴趣了。在读了5年研究生后，写了一篇只有一页多的垃圾博士论文。他的导师怕此文不能通过答辩，有损他爸外交部长的声誉，于是开后门给爱因斯坦写信，请求帮忙。爱因斯坦情面难却，写了一个评语，才使德布罗意得以通过博士论文答辩，戴上了梦寐以求的博士帽。

现在德布罗意去世已经10多年了，有些公案也就无法说清了。不过有些事实还是可以确定的，德布罗意确实先是主修历史，后又改学法律，最后才攻读物理的。不过究竟是因穷极无聊，还是在他的哥哥的影响下才改学物理，就只有他本人知道了。他博士论文的题目是《量子理论研究》，不仅不止1页，而是竟长达109页。不过此文确实被浓缩成1页多，摘要发表在著名的《自然》杂志上。现在如果有那位博士生的毕业论文能摘要发表在《自然》杂志上，不要说通过论文答辩没有问题，说不定还能破格升个教授当当。他的导师朗之万（也是一个著名的物理学家）确实给他的好友爱因斯坦写过信，因为他对这位高足的观点正确与否实在吃不准，想请爱因斯坦来把把关。爱因斯坦也确实写过评语，不过当时他正忙于与印度的小人物玻色一起完成玻色—爱因斯坦统计的研究，只稍微翻阅了这篇论文一下，他立刻意识到这论文有些名堂，于是给了如下的评述：他“已经掀开了物理学神秘面纱的一角！”有了爱因斯坦这样的评语，大概在全世界任何一所大学都能通过博士论文答辩了。

那么德布罗意在他1924年完成的博士论文中，究竟讲了些什么呢？在这篇论文里，他提出了物质波理论。前面讲过爱因斯坦把普朗克的量子概念应用于光电效应，得到了光是由一个个的光子组成的结论。而在19世纪对光传统认识是一种波，爱因斯坦的光电效应理论使光有了粒子的性质，也就是说光有着波和粒子的双重性质，在物理上称之为波粒二象性。德布罗意在他的博士论文中，根据物质世界的对称性，把光既是波又是粒子的思想，推广到物质粒子，认为粒子既是粒子也是波，光和

电子在晶体上的衍射图样，与 X 射线在晶体上的衍射图样相同

物质粒子均具有波粒二象性。物质粒子也有各自的波长，这种波长后被称为德布罗意波长。德布罗意波长与物质粒子的质量呈反比关系：质量愈大，波长愈短，粒子性愈明显；质量愈小，波长愈长，波动性愈明显。例如电子的质量比质子小，所以它的波动性要比质子明显。1927 年的电子衍射实验，证明电子波的存在。于是德布罗意荣获了 1929 年的诺贝尔物理学奖。

从此时开始，“粒子还是波”的问题就一直困扰着众多物理学家，其实波粒二象性可以说是微观世界最为本质的特性。为了说明这一性质，玻尔提出互补原理。互补原理认为“粒子性”和“波动性”是相互补充的：一个实验可以展示出物质的粒子行为，或者是波动行为，但不可能同时展示出两种行为。他认为中国的太极图能够很好表达这一意思，下图是玻尔为自己设计的纹章，其中的主要图案就是太极。

玻尔的纹章

与波粒二象性相关的还有不确定性原理，这是海森堡于 1927 年提出的。不确定性原理是说微观粒子的位置与动量不可同时被确定，两者的误差相乘的积必定大于某个常数。也就是说一个粒子的位置精确地被测定了，它的动量的误差就会非常大。在能量与时间也存在同样的不确定性，在极短的时间内，能量可以变得很大。这一点在黑洞物理中非常重要，本书第二部分提到的霍金蒸发就与此有关，霍金蒸发就

是在黑洞附近发生的一个量子过程。由此可见量子理论在宇宙研究中的重要地位。

殊途同归

有了物质波的概念，就要有方程去描述它。这是已年过不惑的奥地利物理学家薛定谔看到德布罗意博士论文后产生的想法。前面我们已经提到过薛定谔，是他提出了负熵的概念。经过一段时间的研究，1926 年薛定谔发表了 4 篇文章，给出了一个描写物质波的方程。这是一个数学家早就研究清楚的一类偏微分方程，叫本征值方程。如果把氢原子的有关参数代入方程，求解方程会得到一系列分立的本征值，这些本征却正好对应于氢原子的能级，不过并不清楚方程中未知函数 ψ（音 psi）的意义。因此有人嘲笑他说：方程计算真方便，psi 不知啥东西！奥地利维也纳大学主楼拱廊院子里的薛定谔胸像的名字下方的数学公式就是薛定谔方程。薛定谔长眠在风景优美的奥地利阿尔卑包赫村，他的墓碑上也刻着以他命名的薛定谔方程。

远在丹麦哥本哈根的玻尔，得到消息后非常高兴，立即请薛定谔到他的研究所去作报告。薛定谔到了那里报告了他的工作，并与玻尔等人进行了好几天的讨论，但是大家还是搞不清方程的意义。

事有凑巧，一个年轻的德国物理学家海森堡（1901 ～ 1976）得到洛克菲勒基金会奖学金资助，1924 ～ 1925 年到哥本哈根参加玻尔的研究。海森堡比薛定谔早一年也导出了一个能够解释玻尔氢原子模型的方程。他是在光谱数据的分析中发现有些物理量的运算次序是不能交换的，即 AB ≠ BA，由此导出他的方程的。后来经过他的老师玻恩（1882 ～ 1970）等人的指点才知道他所用到的数学是矩阵，矩阵就有 AB ≠ BA 的性质。由于当时的物理学家们大都不甚了解矩阵理论，所以海森堡矩阵方程的传播面不是很广。

薛定谔回去后继续进行研究，在他的第四篇论文中证明了海森堡的矩阵方程与自己的波动方程是等价的，都正确地描述了微观粒子的量子

薛定谔像

行为。薛定谔的理论称波动力学，海森堡的叫矩阵力学。后来知道只要把动量、能量等物理量用（运）算符（号）就能得到统一的方程形式。殊途同归，波动力学和矩阵力学被统一为量子力学。量子力学是量子理论发展的新阶段，于是把先前玻尔的量子化理论叫作“旧量子论”。

顺便提一下薛定谔和海森堡建立的量子力学都还不是相对论性的，之后英国物理学家狄拉克（1902～1984），建立了相对论量子力学方程——狄拉克方程，伴随着还发展了一整套后被称为狄拉克代数的数学理论。狄拉克方程预言了反粒子的存在，这是狄拉克又一大贡献。反粒子后被陆续发现，所有粒子均有其反粒子，如电子的反粒子为正电子、质子的反粒子为反质子。即便不带电的粒子也有反粒子，如中子、中微子等有反中子、反中微子。只有一些纯中性粒子，如光子、中性 π 介子等没有反粒子。其实也有，只不过反粒子就是它们本身而已。由反粒子构成的物质叫反物质，最近已在宇宙间发现了反氢的存在。

量子力学的确立，标志着由黑体辐射这朵小小的乌云引起的革命，已告完成。量子力学成功地描述微观世界，并导致了一些新科技的出现，如半导体、激光等。这些已超出本书的范围，不多介绍了。量子理论在宇宙论和黑洞理论发展中起着举足轻重的作用，这些会在后面加以介绍。

值得一提的是，在这场革命中做出杰出贡献的，除薛定谔过了 30 岁外，都是一些 20 多岁的年轻人，他们理所当然地都荣获了诺贝尔物理学奖的桂冠，成了新世纪物理学的掌门人。物理学上的这段光辉历史，充分说明了年轻人最富于创新思想、最富于革命精神。

上帝不掷骰子

不过薛定谔方程中的波函数 ψ，其意义仍然还没有搞清楚。这个问题是由上面已提到的玻恩解决的。玻恩是德国的犹太裔物理学家，是海森堡在哥廷根大学的导师，与玻尔、海森堡等人一起创建了量子力学的哥本哈根学派。他对波函数 ψ 的解释别出心裁，是所谓概率解释。他认为波函数 ψ 本身没有什么意义，有意义的是它的绝对值平方。波函数 ψ 是一个虚数，这也是量子力学不同于其他经典物理理论的一大特点。虚数的单位是 i，它的定义是 –1 的平方根。在物理学以及其他领域中，虚数都是作为一种工具来应用的。唯独在量子力学中不然，它是在本质上被使用的：波函数 ψ 是一个虚数！这就是本部分标题中“魅”字的出典。

空间中某一点处波函数 ψ（绝对值）的平方，表示的是粒子在该处出现的概率。量子力学中波的概念就完全不同于物理中其他各种波，它是一种概率波！玻恩为此荣获了 1954 年的诺贝尔物理学奖。

波函数的概率解释是哥本哈根学派对量子力学诠释的核心内容之一。不过却遭到了爱因斯坦的坚决反对，他铿锵有力地说了一句名言：“上帝不掷骰子”。至于上帝究竟掷不掷骰子，我们无法去问上帝。不过只知道量子力学的概率解释确实可以解决许多问题，得到许多符合实际的结果。

对于量子力学的概率解释以及量子力学的完备性问题，物理学上发生了一次大争辩，争辩的双方代表是玻尔和爱因斯坦两位赫赫有名的人物。玻尔一方有哥本哈根学派的成员，如海森堡、玻恩等；爱因斯坦一方则有薛定谔等人。在 1927 年召开的第五届索尔维会议期间，爱因斯坦向玻尔提出了一系列问题，诘难哥本哈根学派对量子力学的诠释。据说每天晚饭时，爱因斯坦总是向玻尔发难，提出诘难问题；玻尔则回去彻夜冥思苦索，第二天早饭时解答了爱因斯坦的问题。他们之间这样的争论一直持续了将近 30 年，直到爱因斯坦去世才停止。1962 年玻尔去世时，在他办公室的黑板上还留着一幅与爱因斯坦论战时的反驳爱因斯坦的草图。

不过这样的旷日持久的长期论战丝毫也不影响他们深厚的情谊，他们一直互相关心、互相尊重。更重要的是通过这场争论，澄清了许多问题，促进了物理学的发展。例如当今非常时髦，预计会在今后不久起着巨大影响的量子信息，就与这场争论分不开。这些内容大大超出了本书内容，不能在此加以介绍，有兴趣的读者可以参阅有关书籍。

在宇宙学的最新研究中，发现量子力学理论仍然成立，因此有人说：上帝不但掷骰子，而且把骰子掷到看不见的地方（意指黑洞）！

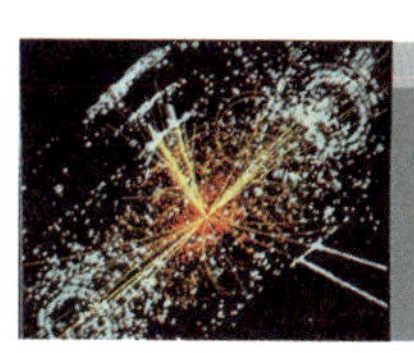

七、爱因斯坦的奇迹年

备受争议的相对论

上一部分已经介绍了神奇的量子论的产生，这是 20 世纪物理学两大革命之一。另一大革命就是相对论。这是由 19 世纪末的另一朵乌云——迈克尔逊—莫雷实验引起的。提到相对论，大家都知道它是与爱因斯坦的名字紧紧地连在一起的。

相对论是什么？相对论是一门有关物质、时间和空间的理论。它的出现彻底改变了人类对物质、时间和空间的认识，开创了用全新观点视察宇宙的新世纪。

相对论又是一个备受争议的理论，在它被视为一个革命的理论的同时，被一些纳粹科学家斥之为犹太人的邪恶理论，更有甚者，有人悬赏 20 万马克要爱因斯坦的人头。直到现在它也还是一个有着截然相反评价的理论。一方面相对论被誉为是世界上唯一一个一经提出就已经十分完善的理论，一个大多数人都不能真正理解的高深理论。另一方面它又是一个最易被批驳的理论，任何只要有小学加减乘除（至多有中学乘方、廾方）数学知识的人，再加一些简单的哲学原理，如世界、物质是无限的等，就可以口诛笔伐对它进行大批判了。在一段时间内，甚至有的国家把它斥之为西方资产阶级的谬论。一个理论究竟正确还是荒谬，最后还得由实验和事实来下定论。到目前为止，还没有发现一个与狭义相对论相矛盾的实验事实。

不过倒是有过一个中微子超光速的实验。2011 年 9 月 22 日，意大利格兰萨索国家实验室“奥佩拉”项目组研究人员使用一套装置，接收 730 千米以外的从欧洲核子研究组织发射的中微子束的时候，发现中微子

比光子提前 60.7 纳秒到达目的地。此现象完全违背了相对论，所以引起了物理学家们的极大关注。如果实验的结果正确，那相对论的基石将被动摇。不过即使如此，也并不一定说相对论完全错了，因为仍然可以在相对论的框架内加以修正，从而解决这个问题。但后来的发展，充分表明这是一个“乌龙”事件，中微子之所以比光速快，是因为连接 GPS 信号接收器的光纤“接触不良”。结果是项目负责人只能引咎辞职，而物理学家们则更加增强了对相对论的信心，相对论依然屹立在物理学之林。相对论的具体内容将在下一部分中介绍，本部分先来介绍爱因斯坦本人的一些轶事。

专利局技术员的奇迹年

相对论也是在爱因斯坦对光电效应做出理论解释的 1905 年提出的。20 世纪物理学的两大革命，爱因斯坦均是倡导者和发动者。这一年爱因斯坦刚被正式转正为伯尔尼的瑞士专利局的三级技术员，对一个普通的 26 岁青年来说，这就是他工作生涯的正式开始，也有可能一辈子待在那里审查专利申请，直至退休。不过爱因斯坦并不满足这样的命运安排，他把 1905 年变成了他的奇迹年。在这一年他居然一连在物理学的不同研究方向完成了 6 篇划时代的论文，其中 4 篇当年在《物理年鉴》发表，2 篇在次年发表。另外在这一年还在《物理年鉴》发表了 20 余篇评论他人工作的文章。从现在的标准来看，爱因斯坦至少应该到斯德哥尔摩领取三次诺贝尔奖，而且还不包括相对论，因为诺贝尔评奖委员会或许还没有资格对他的相对论进行评价。

鉴于爱因斯坦在 1905 年做出了多项杰出贡献，联合国大会 2004 年 6 月 10 日通过决议将 2005 年定为世界物理年，以纪念爱因斯坦奇迹年的百年寿诞。注意，是联合国大会将 2005 年定为世界物理年的，而不像世界数学年等只是由联合国的某个下属委员会做出决定的。

爱因斯坦一直被视为一个传奇人物，他的名字几乎就是天才和智慧的化身。在千禧年被评出的过去 1000 年里最伟大的人物中，他超出众多

2005 世界物理年的图标（左）和宣传画（右）

的政治人物，名列第一。下面就让我们来认识这一位传奇人物和他的奇迹年。

木讷的童年

大家会认为爱因斯坦小时候一定是个神童，其实大谬不然，童年时的爱因斯坦非但不是神童，反而不如一般的小孩聪明，甚至显得有些木讷和笨拙。据说他 3 岁不会说话，9 岁讲话还不利索，为此他的妹妹时常讥笑他。他对妹妹能喋喋不休地讲话感到大惑不解，为此曾问他妹妹，为什么能如此轻松自如地说话。因为在爱因斯坦看来，讲话是非常困难的一件事：要由多个字母才能组成一词，几个词组成一个短语，几个短语按照语法规则才能构成一个句子，要有多个句子才能说一段话，说话是多么困难呀！

读小学时，爱因斯坦也并不好到哪里去。除数学外，其他各门成绩均不好，特别是拉丁文。要不是校长看他数学尚可手下留情，才没有开除他。不过他数学确实是好，12 ～ 16 岁时，其他同年龄的小伙伴还在为小数点而烦恼时，他已经在自学微积分了。有一个人回忆说：他在德国一个火车站里等候火车时，看到一个少年睡着了，有本书从膝盖上掉落到地上。他去捡了起来，一看是本讲微积分的数学书，当那少年醒来时，把书归还给那少年，并顺口问了一句，是谁看的书？令他想不到的是，那少年竟然说是自己在看。

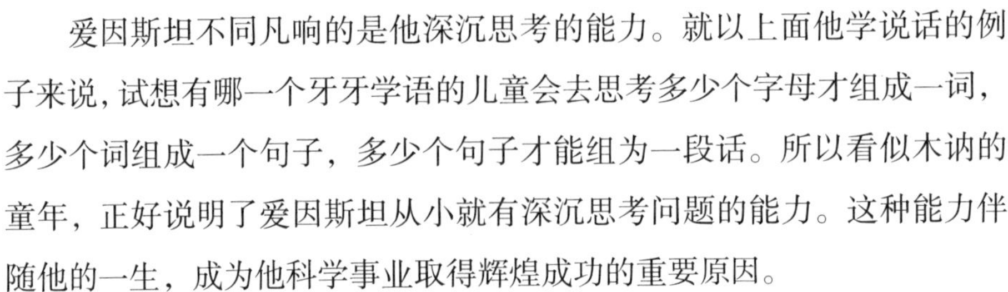

爱因斯坦不同凡响的是他深沉思考的能力。就以上面他学说话的例子来说，试想有哪一个牙牙学语的儿童会去思考多少个字母才组成一词，多少个词组成一个句子，多少个句子才能组为一段话。所以看似木讷的童年，正好说明了爱因斯坦从小就有深沉思考问题的能力。这种能力伴随他的一生，成为他科学事业取得辉煌成功的重要原因。

假如我以光速飞行

爱因斯坦的沉思特征，在高中时代就显示了它的威力。那时他一直在思考一个问题：如果以光速飞行，他将会看到什么现象呢？正是这一思索，使他走上了创建狭义相对论的道路。

现在来看一下，以光速飞行会看到些什么现象呢？如果我们以光速飞离地球，同时又用一个光学仪器接收从地球上发出的光。由于我们是以光速飞离地球的，地球上发出的光是以光速飞离地球的，所以我们看到的只是离开时的景色，就像两列沿相同方向以同样速度前进的火车，彼此看起来都是不动的。根据麦克斯韦的电磁理论，光就是一种电磁波，电磁波也是以光速飞行的，所以在飞行中的“我”看到的从地球上发出的光也是静止不动的。假如在飞行中的“我”再发出一束光，那么我们发出的光和地球上发出光的速度有什么不同呢？按照伽利略、牛顿理论中的速度叠加原理，如果从地球上发出光的速度是 c，飞行中的“我”发出光的速度就应是 $c+c=2c$（在这里的讨论中已假定地球是不动的），这也是我们普通人根据常识得出的结论。但是在麦克斯韦的电磁波方程中，光（电磁波）的传播速度都是 c！那么究竟哪一个正确呢？爱因斯坦选择了后者，他认为光（电磁波）的传播速度均为 c，而不管光源“动”还是“不动”，速度大还是速度小。

爱因斯坦将此作为狭义相对论的一个基本原理：“光速不变原理。”光速不变原理是说，在所有的系统中光都以光速传播，不管在高速奔驰的火车、飞机上，甚至宇宙飞船上，光在真空中的传播速度为 299 792 458 米 / 秒。光速不变原理与牛顿建立的经典力学明显相矛盾：

牛顿认为光的传播不需要时间。狭义相对论的另一个基本原理是“相对性原理”，这是由伽利略、牛顿的力学相对性原理扩充而成的。爱因斯坦就是依这两个原理为出发点，建立起了狭义相对论的全部理论。可以说在全部物理学发展史上，甚至在全部科学史上，狭义相对论是唯一的一个由如此简单的前提，推出了一个一开始就已经完整（几乎不需要进一步完善）的理论体系的实例。有关狭义相对论的一系列的奇特性质，如运动的时钟变慢、运动的尺变短、同时是相对的等，我们将在后面加以介绍。下面我们顺便来提一下，在这个奇迹年中爱因斯坦的另一些杰出的贡献，虽然它们与量子论和相对论并无直接关系。

喝咖啡的沉思

1905 年确实是爱因斯坦的奇迹年。3 月份他写了《关于光的产生和转化的一个试探性观点》一文，用普朗克提出的“能量子”观点解释了光电效应，第一次将量子论应用于解决实际问题，从而得到了 1921 年的诺贝尔物理学奖（其实是 1922 年补授的）。一个月后，他就又写了《热的分子运动论所要求的静液体中悬浮粒子的运动》一文，讨论的是将近一百年前遗留下来的一桩悬案——布朗运动。

布朗运动

1827 年英国植物学家布朗（1773 ～ 1858）意外地发现，漂浮在液体中的花粉粒子不停地作无规则的运动（如图所示），粒子越小，运动得越剧烈。现在知道布朗运动是揭示物质由分子、原子组成的一个直接证据，但是有关这一现象的理论，到 20 世纪初还一直没有。爱因斯坦的这篇文章解决了这个问题，而且由此发展出了一门非常有用的学问——

随机行走理论。随机行走，顾名思义，就是随着性子漫无目的地行走。举个例子来说吧：今天你休息想出去走走，没有目的地，只是出门遇到什么公交车就上车，乘到头下车，再次遇到什么车就上，如此不断地继续，最后你会走到哪里去？初看起来，这里面好像是没有什么规律性的，其实不然，其中确有规律。爱因斯坦的这篇文章首先得到了这种规律，给出了关于随机行走的著名的爱因斯坦公式。后来发现这种规律在许多方面都有应用，不但在物理的统计理论中，在工业、交通、通信等诸多领域，甚至在经济学方面也有应用。如交通线路、通信网络，还有股票的涨跌都是随机行走的一些例子。不少人认为爱因斯坦的这个理论就有资格得诺贝尔的物理学奖或经济学奖。

传说爱因斯坦与朋友喝咖啡时突然沉思不语，从而悟出了“杂乱也有道道”的道理的。他对咖啡放了糖就有甜味这一司空见惯的现象感兴趣，就去思考其中的道理，于是就有了这篇文章。爱因斯坦在这篇文章中应用当时还没有为主流物理学家们普遍接受的分子论，在解释布朗运动的同时，也给分子论有了直接的证据。爱因斯坦还写了另一篇论文，发表在次年的《物理年鉴》上，名为《分子大小的新测定法》，文中就是根据对糖在咖啡中扩散速度的估计，计算出来分子的大小，由此还得到了最初的阿伏伽德罗常数值。阿伏伽德罗常数是联系宏观和微观的桥梁，它表明的是 1 摩尔物质中的分子数，现在阿伏伽德罗常数的值为每摩尔 6.022×10^{23}。这就是说，18 克水的分子数是 6 的后面加上 23 个 0。由此可见宏观尺度物质中的分子数是多么巨大呀！当时爱因斯坦估计的阿伏伽德罗常数的值没有这么精确，但还是相当接近的。前面我们已经提到 19 世纪末在科学史上发生了非常著名的以玻尔兹曼为一方，以奥斯特瓦尔德、马赫为另一方的“原子论”和“唯能论”之争，爱因斯坦的这一工作无疑是对玻尔兹曼“原子论”的极大支持，可惜的是玻尔兹曼还是在 1906 年的 9 月 5 日自杀身亡了。

质能公式 $E=mc^2$

从下面的图中可以看到在一艘军舰上有一个数学公式，军舰上怎么会有数学公式呢？这是一张摄于 1964 年 7 月 31 日的美国企业号核动力航空母舰照片，出现在甲板上的数学公式，就是爱因斯坦著名的质能公式。公式并不是写上去的，而是由穿白色制服的水兵排列成的。那么，为什么企业号核动力航空母舰会让水兵排列出爱因斯坦的公式呢？这是因为这个公式使我们能够释放原子核能，给人类带来用不尽的能源。以这艘航母为例，它是世界上第一艘以核能作为动力的航空母舰，即以核反应堆中释放的核能供给这艘航母的全部能量需求，所以它的续航距离接近无限！这就是为什么要让水兵们排列这个公式的唯一原因。那么，这个公式是怎么导出的呢？很简单，就是直接从相对论导出，有了相对论只要进行简单的代数运算，就可以得到它。

自从 1901 年发表第一篇论文起，爱因斯坦的研究领域主要在热力学方面。从 1905 年 3 月发表解释光电效应的文章起，他的研究领域就扩充到其他领域。继当年 6 月发表了创建狭义相对论的那篇不朽论文后，在 9

美国企业号核动力航空母舰上的爱因斯坦公式

月份又一篇划时代的文章《物体的惯性同它所含的能量有关吗？》发表了。从题目就可以知道文章讨论的内容，我们知道惯性是物体质量的量度，惯性与能量有无关系，就是质量与能量有无关系的问题。在牛顿的力学理论中，这是两个不同的概念，而爱因斯坦的这篇文章，从狭义相对论出发推出了物体的质量与能量之间确实有关系，而且还给出了它们之间的转换公式：$E=mc^2$。

这个公式的数学形式很简单，只有乘法和乘方运算；它的含义也很简单，那就是能量与物质是等价的，可以相互转换：能量可以转化为物质，物质也能转化为能量。不过它的意义却极其深远，可以说比麦克斯韦预言、赫兹发现电磁波的意义更为重大。电磁波的发现开创的是无线电通信的新时代、信息时代，带给人类社会主要的是通信上不可估量的方便，除了会造成一些辐射污染外，基本上没有什么大的危害。而爱因斯坦的这个公式却不然，它不但带给人类社会巨大的利益，同时也带来了可以毁灭人类本身甚至整个地球的灾难性的厄运。

考克饶夫—沃尔顿加速器

先来谈一下能量可以转变为物质的问题。能量可以变物质就意味着可以在虚无缥缈的空间里产生出物质来，当然前提是要有能量。这好像有些匪夷所思，不可想象。其实不然，20 世纪 30 年代初英国物理学家约翰·考克饶夫（1897 ~ 1967）和爱尔兰物理学家欧内斯特·沃尔顿（1903 ~ 1995）在剑桥大学用他们自己研制的设备——电压倍增器，现被

称作考克饶夫—沃尔顿加速器，做“原子撞击”实验，成为历史上第一个以人为方式分裂原子的人，开创了核时代，因此他们获得了 1951 年诺贝尔物理学奖。在他们的实验中，存在如右图中所示的现象：两条黄线箭头表示的是两个电荷相反的粒子，它们是从没有物质的地方（分叉处）产生出来的，很明显它们是由能量转变来的。

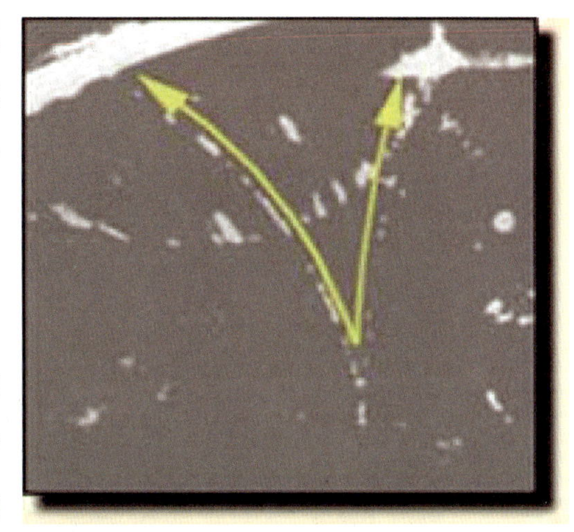

能量转变为物质

现在建造大型加速器的一个很重要的目的，就是制造出物质来。接下来的图是位于日内瓦近郊，瑞士和法国边境上的大型质子对撞机 LHC（Large Hadron Collider）。欧洲多个国家花了大量纳税人的钱，在欧洲核子研究组织（CERN）建造它的目的就是想发现一些新粒子。功夫不负有心人，2012 年果然发现了“上帝粒子”！

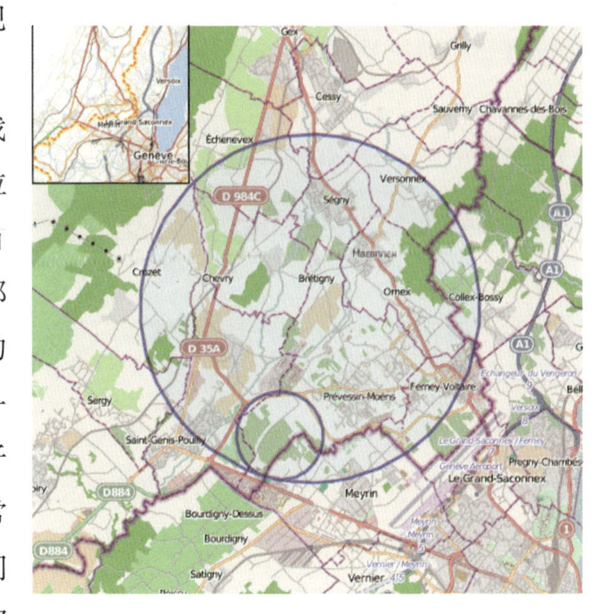

大型质子对撞机 LHC，图中从右上角到左下角的粗红线是国界线，右边是瑞士、左边是法国

上帝粒子只是一个戏称，并不是真正上帝的粒子。当今物理理论中，有一个标准模型，它什么都好，就是有一个应该有的粒子——希格斯粒子，一直没有发现。希格斯粒子在标准模型中的地位非常重要，没有它，许多我们熟悉的粒子，如电子等都将是没有质量的。到 20

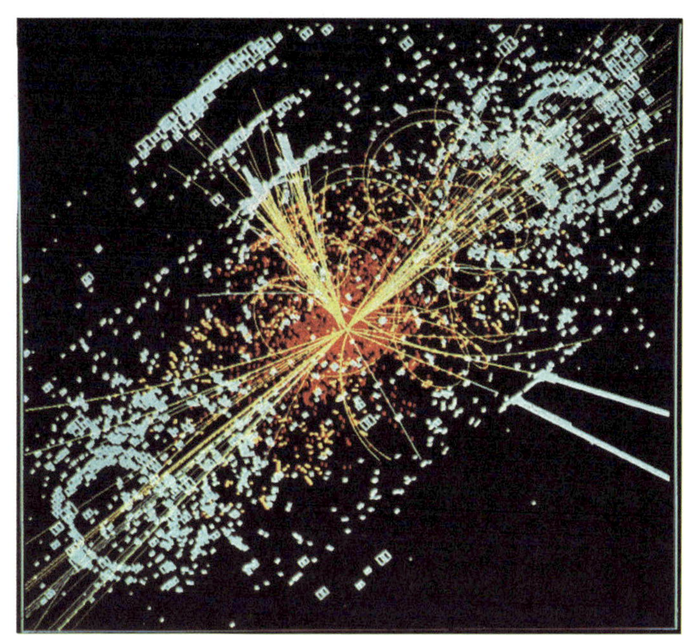

发现希格斯粒子的实验照片

世纪 80 年代，标准模型中所需要的粒子都已发现，唯有希格斯粒子任凭物理学家们上穷碧落下黄泉，都没有找到。早在 2011 年 12 月 13 日，CERN 就声称发现了希格斯粒子存在的迹象，但经考虑实验其他误差之后，随即宣布实验结果无效。2012 年 7 月 4 日 CERN 召开一个新闻发布会，会上宣布发现了一个新粒子，其行为方式和标准模型中的希格斯粒子相似。新闻发布会结束时，会议主持者将此总结为“发现了一种和希格斯粒子的性质非常相符合的粒子”。

CERN 的大型强子对撞机的能量十分巨大，据说甚至可以制造出小黑洞来，因此引起了附近居民的极大恐慌，于是将 CERN 告上了法庭，要求他们不再运行大型强子对撞机。

在黑洞周围也有能量转变质量的现象发生。黑洞周围的空间是高度弯曲的，蕴含有巨大能量，因而可以转化成质量，产生出物质来，这就是霍金蒸发的道理。由此可见，讨论黑洞是离不开相对论和量子论的。

关于物质转变为能量，大家可能更为熟悉了。原子核能的利用，就是把质量转变为能量。这里顺便说一下有关的名字问题，许多书本上都将原子核能称为原子能，其实不然，这种能量是从原子核中释放出来的，原子可以释放的仅是化学能。所以本书均称原子核能或核能。核能以外的所有能量在释放时，其质量并不会减少。例如燃烧煤炭、石油等时，燃烧前后的物质的总质量是不变的，这就是罗蒙诺索夫物质不灭定律的内容。而核能释放时，不论是重核裂变，还是轻核聚变，反应后的质量都比反应前的小，这就是所谓的质量亏损。亏损掉的质量，依照爱因斯坦公式 $E=mc^2$，就转变为能量了。由于光速 c 是一个非常巨大的数，它的平方更为巨大，所以释放出的核能是其他能源，如化学能、水力能、风力能、地热能、潮汐能等无法比拟的。现在经常谈论的一个话题是能源危机：不可再生能源，如石油将在几十年后耗尽，煤炭将在几百年后耗尽，而其他能源都不足以提供人类所需的能量，所以核能是解决能源危机的唯一选择。

重核裂变现在已经可以用来服务人类了，各国的核电站都是应用重核裂变时，释放出的能量发电。不过从重核裂变获得的能量，还不能最终解决能源危机。重核裂变的燃料如铀等，只能供人类使用 1 万年左右。1 万年对个人来说，是很长的了，但对人类的历史来说，还是短了些。彻底解决能源危机的唯一道路是轻核聚变，不过到目前为止，轻核聚变即热核反应还不能控制。热核反应瞬时释放出核能的，就是氢弹爆炸。这也是 $E=mc^2$ 公式带给人类的噩梦，大家千万不要忘记爱因斯坦的一句名言：如果第三次世界大战是原子战争，那么第四次世界大战就是棍子

我国的秦山核电站

战争了。

细心的读者可能会注意到在上面的讨论中，没有提及太阳能。太阳能确实是一种取之不尽、用之不竭的可持续利用的清洁能源，对地球上人类的出现、生存、繁衍和延续具有不可替代的作用，通常说的“万物生长靠太阳”，一点也不夸大。不过它并不是解决能源危机的首选能源，原因是太阳能是一种稀薄能源，它的能量密度（单位面积上的能量）很低。

其实太阳能也是一种核能，它是每时每刻在太阳上发生的氢弹爆炸释放出的能量。氢弹爆炸，或者更广泛地讲，热核反应是所有恒星发光发热的能量来源，也是抵抗引力、不使星体塌缩的主要力量。前面已经提到如果我们的太阳上燃料耗尽，那么它将在引力的作用下，塌缩为一颗密度巨大的白矮星。如果一颗质量超过太阳质量三倍的恒星，热核燃料耗尽时就会塌缩成一个黑洞。

从上面的讨论可以看出爱因斯坦这一公式 $E=mc^2$ 对我们每个人、对人类、对地球、对太阳、对恒星、对整个宇宙的重大意义。

对爱因斯坦奇迹年，就介绍这些了，下面要介绍他的相对论内容了。

八、“船”中方七日，世上已千年

烂柯山的故事

浙江衢州市东南有一风景名胜叫烂柯山，又名石室山。山名出于一个非常有名的传说：晋朝时有一个名叫王质的樵夫，到山上去砍柴。看到山中一石室中有两个老叟（另一说是四个童子）在下棋。王质就站在旁边看棋，并吃了下棋人随手递给他的桃子（一说枣核）。过了一些时间，下棋人问他怎么还不回去？王质转身准备回去时，发现他所带斧头的柄已经烂掉了。回去时，发现道路完全改变了，连家人都不认得了。于是此山得名为烂柯山或石室山。还留了一句著名的成语在世上：洞（或称山）中方七日，世上已千年。

此故事大概始于南北朝。在南朝梁代任昉撰写的《述异记》中就有记述：“信安郡石室山，晋时王质伐木至，见童子数人棋而歌，质因听之。童子以一物与质，如枣核，质含之不觉饥。俄倾，童子谓曰：‘何不去？’质起视，斧柯尽烂。”

不料1500多年后，爱因斯坦创建的相对论又为此成语提供了新的注解，那就是相对论中出现了所谓的“孪生子佯谬”。那么孪生子佯谬是怎么一回事呢？这就得较为详细地介绍一下我们已经很多次提到过的爱因斯坦的相对论了。

孪生子佯谬

上一部分我们提到了19世纪末在物理学晴朗天空中出现的两朵乌云，其中之一就是由迈克尔逊—莫雷实验引发的“以太”疑难。19世纪物理学已经证明机械波是通过介质传播的，其速度与介质材料的性质有

关。以横波为例，简单来说材料的刚性愈大、密度愈小，则横波的传播速度愈大。麦克斯韦的电磁学理论告诉我们，电磁波是一种横波，光是电磁波的一种。光速极大，达每秒 30 万千米，地球赤道周长约为 4 万千米，也就是说光 1 秒钟内就可以绕赤道 8 圈左右。如果电磁波也是在某种介质中传播，那么这种介质的密度要非常小，而刚性又要非常大。所谓刚性，是指物体不容易变形的性质。从日常生活经验可知，一般来说要密度大才不容易变形。现在要求介质的密度要非常小，刚性要非常大，很难在已知的物质里找到。所以物理学家假设了一种物质——以太，作为传播电磁波的介质。于是物理学家们就千方百计企图要去寻找这种难以捉摸的以太。

物理学家们想到有一个性质，可能对寻找以太有帮助：以太究竟是随光源运动而运动，还是静止不动。就像传播火车发出声音的空气是随火车一起运动，还是不像空气那样运动的。美国物理学家迈克尔逊设计出了用以检测以太风的实验装置——迈克尔逊干涉仪，巧妙地测量光在沿着地球运动方向和垂直地球运动方向上的传播速度有什么不同。实验结果大大地出乎人们的意料，竟然得出了以太不存在的结论。（参见本书一朵小小的“乌云”部分。）

这个结果给了爱因斯坦极大的启发，他从中学时代就一直在深沉思考“我如果以光速与电磁波一起运动，我将会看到什么？”这个问题。1905 年 6 月爱因斯坦在德国著名刊物《物理年鉴》发表了《论动体的电动力学》一文，在这篇划时代的文章中，他彻底地解决了这个问题，创建了举世闻名的“狭义相对论”。狭义相对论的有些性质，从牛顿力学的角度来看是不可思议的，孪生子佯谬就是其中之一。孪生子佯谬说的是一对孪生兄弟（或姐妹）的年长者，乘宇宙飞船出去旅行，若干年后回到地球时发现，原先较自己年轻的弟弟（或妹妹）居然比自己更老，就像烂柯山故事中的王质那样。

要说明孪生子佯谬的问题，就必须要先介绍一下狭义相对论的基本原理和主要内容。

简单的原理

爱因斯坦创建的狭义相对论的基本原理极其简单，就只有两条：相对性原理和光速不变原理。

相对性原理在牛顿的力学理论中，叫作伽利略力学相对性原理，指的是在两个彼此相对做匀速直线运动的系统（叫作惯性参考系）中，无法通过任何的力学实验测出这两个系统之间的相对速度。例如在一艘像泰坦尼克号那样的大型邮轮（一个系统）上，如果在茫无边际的平静大海（另一个系统）上以不变的速度直线行驶时，在船上是无法通过力学实验测出邮轮相对于大海的速度的。换句话说，在两个惯性参考系中，所有的力学规律都是相同的。伽利略力学相对性原理的一个推理，即速度叠加原理。就以上面的例子为例，如果那艘邮轮行驶的大海并不是静止不动的，而是有一平稳的海流，那么邮轮相对于海岸的速度就是邮轮的速度加上海流的速度。大家可能会说，这是尽人皆知的常识，就连没有学过物理的人都知道。是的，这是尽人皆知的常识，可是人们就是被这种思维惯性蒙住了眼睛，所以发现不了新的规律。爱因斯坦的伟大就在这里，他没有被司空见惯的现象蒙住眼睛，而是敏锐地发现了问题，发现了新的规律。

爱因斯坦认为不仅仅是力学规律，应该所有的物理规律在任何惯性参考系中都是相同的，也就是说不仅用力学实验测量不出两个惯性参考系之间的相对速度，就是通过电磁学的、热学的任何实验也不能测量出来。这就是狭义相对论的第一个基本原理。这个原理是伽利略力学相对性原理的直接推广，其内容只是把伽利略力学相对性原理中的力学改为物理而已：两个惯性系中进行的所有物理实验的结果都是相同的。当然，只有这一条基本原理，还是建立不起狭义相对论来的。所以他提出了另一条基本原理：光速不变原理。光速不变原理是说，光在任何的参考系中传播的速度都是相同的。

物理相对性原理是对力学相对性原理的推广，比较容易理解和接受。对于光速不变原理就不同了，虽然叙述的内容非常简单，只是讲光速不

变而已。但深入考虑一下，就会发觉事情并非如此简单。光速不变原理是说光速在任何的参考系中都是一样的、不变的。还以上面泰坦尼克号的例子来说明：在邮轮上沿船前进的方向有人行走，他走路的速度是每秒 1 米；而船前进的速度是每秒 10 米，那么岸上的人测出的船上行走的人相对于岸的速度就是每秒 11 米。这是人们广泛接受的速度合成的方法，从理论上讲就是伽利略—牛顿的速度叠加原理。爱因斯坦提出的光速不变原理则认为：在邮轮上发出一束光线，不仅船上的人测出它的速度是光速 c；在岸上测得的船上发出光对岸的速度仍然是光速 c。这是完全与牛顿的经典力学理论有尖锐矛盾的；也是违背在我们日常生活中的经验的。我们的生活经验告诉我们，岸上人看邮轮上行走的人速度是：人在船上走的速度 v 加上船前进的速度 V, 即 $v+V$。而爱因斯坦的光速不变原理则指出岸上测到的邮轮上发出光的速度，虽然是船上光的速度 c、加上船前进的速度 V, 但是仍然等于 c，也就是说根据光速不变原理竟然有 $c+V=c$！真是不可思议。

爱因斯坦从中学时代就开始思考的那个问题——如果以光速飞行，将会看到什么？使他得出了 $c+V$ 还是等于 c 的结论。这个结论初看起来似乎并没有什么了不起的内容，其实不然，它对科学界来说是一个惊天动地也是开天辟地的结论。而对普通的人而言却是一个匪夷所思的结论！对常人来说，如果一个对地面静止的人，要测量在一个移动物体（如船、火车等）上运动的另一个物体（如人、手推车等）的（相对于地面）速度，那只要简单地把两者的速度相加起来就是，这就是伽利略—牛顿的速度叠加原理。几个世纪以来，它已为无数的物理实验和经验事实证实，所以已为（不论是否学过物理的）人们普遍接受。由于人的惯性思维使然，一直认为速度叠加原理是毫无疑问的、天经地义的、绝对正确的。现在爱因斯坦突然冒出一个光速不变原理，不但令大家感到不可思议，更是认为荒谬透顶，由此招来了一大堆非难、批评，甚至上纲上线地口诛笔伐。直至今日也还有人写文章，从辩证唯物主义的高度，批判“光速不变原理”违背了“世界是无限的”这一条基本哲学原理；相对论是伪科学等。

有了相对性原理和光速不变原理这两个基本原理，狭义相对论就建立起来了。对于相对论为什么会有上述这样尖锐、严厉的批评，甚至批判呢？原因就在于相对论的那些匪夷所思的“奇谈怪论”。

非凡的理论

狭义相对论到底有些什么不同于人们常识，或更理论化一点讲，不同于牛顿力学理论的地方呢？

概括来说，狭义相对论有如下一些有悖于人们日常生活经验的奇谈怪论：

运动中的尺会缩短

这是指在静止的观察者看来，一个运动的物体其长度会缩短。例如有一列火车在高速行驶，站台上的人测量这列行进中火车的长度，会发现比它停在站台上时测得的程度要短一些。这里要注意一点，这种缩短只是发生在运动的方向上。在上面的例子中只是火车的车厢长度会缩短，而车厢的宽度和高度是不变的。可能有人会问，那么一只高速飞行的足球，在他飞行的方向上会变短，而其他方向上不变，那岂不是变成了一只橄榄球了？对，是会变得像一只橄榄球！不过要说明一点，用仪器记录得到的图像是变成了橄榄球，而观看足球比赛的观众看到的足球仍然是圆的球，只不过这只足球转过了一个角度。这是为什么呢？这是因为人视觉效果的关系，要说清楚这个问题需要花些篇幅，内容已经超出了本书的范围，不能在此详细介绍。之所以在此提到这个问题，是因为在不少介绍相对论的文章甚至书籍中都只是介绍了足球会变成橄榄球，而没有讲视觉效应，容易引起误解。

还有一个问题也必须说明一下，站台上的人看飞驶中火车的长度会缩短，火车上的人看站台的长度也是缩短的。因为火车上的人看站台，也是飞速向后退去的。

运动中的钟会变慢

运动中的钟会变慢是说，在静止的观察者看来，一只运动的时钟会

比静止的时钟走得慢些。由于这一性质，就引出所谓的“孪生子佯谬”：年长的哥哥乘坐飞船宇宙航行回来发现孪生的弟弟居然比自己还要老！

通常会在某些介绍相对论的科普读物中，看到这样的解释：因为哥哥在运动的飞船中，由于时间延迟，即飞船中一个小时要比地球上的一个小时长，可能地球上过了 10 年，飞船上只过了 9 年，所以哥哥比弟弟年轻。其实在狭义相对论的框架中，这种解释是不正确的。在前面我们已经讲过，在飞船中的哥哥看来，地球上的时钟走得比飞船中慢，所以弟弟会比自己更为年轻。究竟孰是孰非，狭义相对论是解释不了的。

同时性是相对的

相对论顾名思义就是相对的理论，那么“相对”一词意味着什么呢？据说有一次几个青年学生问爱因斯坦什么是相对论时，爱因斯坦回答说：“和一个美丽的姑娘坐上两小时，你会感到好像坐了一分钟；而要是坐在炽热的火炉边，哪怕只坐了一分钟，你却感到好像坐了两小时。这就是相对论。”

当然这是爱因斯坦开的玩笑，但也说明了相对论的核心就是相对。只不过这个例子中的相对，是感觉的相对、心情的相对。狭义相对论的相对当然不是感觉上、心情上的，而是物理上的、两个惯性参考系之间的相对。上面介绍的飞驶的火车与站台的长度也好，孪生兄弟的年龄也好，在不同的惯性参考系中观察会有不同的结论，这是对物理相对性的很好说明。

不过还有一个更能说明问题的相对性：同时的相对性。这是说在某个参考系中同时发生的两个事件，在另一个惯性参考系中观察，可能就不是同时发生的了。例如北京和上海两地同时发生的一件事，在一个遥远的星球上观察，就可能变成有先、后的两件事了。由此还可以进一步推出地球上两个先后发生的事件，在其他遥远的星球上观察，有可能其先后的次序会改变：地球上两事件中先发生的那个事件，其他星球观察，反而变成后发生的事件了。这个性质给相对论带来了因果性被破坏的严重问题，例如，儿子可能会在父、母亲结婚之前出生等。不过这也为好

莱坞的编导们带来了遐想的空间，为他们增加了票房的收入。前面我们已经介绍过的时间机器、祖母悖论等都由此而生。由于因果性破坏问题，使得爱因斯坦的相对论备受诟病。

因果性是所有物理理论必须遵循的少数几个原理之一，因此保证因果性不被破坏是相对论能够确立的一个重要前提。其实相对论并不违背因果性，有些看似破坏因果性的事例出现在所谓的类空区，而类空区内的事件本身是没有因果联系的。有关这方面的讨论，是更为深入的学术问题，已经超出本书的范围，不能在此讨论，有兴趣的读者可参阅其他相关书籍。

时空观的革命

光速不变原理是与牛顿经典力学理论直接矛盾的，这个矛盾实际上就是 19 世纪建立起来的经典电磁理论同牛顿力学之间的矛盾。在麦克斯韦的电磁波方程里，电磁波传递的速度是一个常数，在任何的参考系里都是相同的。这表明麦克斯韦的电磁理论，实际上已经有了光速不变的内容。牛顿的经典力学和麦克斯韦的经典电磁理论是公认的正确的权威性理论。因此 19 世纪末的许多物理学家都希望能够解决这个矛盾。

这个矛盾的实质是两个彼此作匀速直线运动的系统（即所谓的惯性参考系）之间的坐标如何变换的问题。牛顿力学中，把一个惯性参考系的坐标，变换到另一个中去用的是伽利略变换。上面的提到的船与人的合速度为 $v+V$，就是由伽利略变换得到的。当然用伽利略变换 $c+V$ 是不可能还会等于 c 的。

1904 年，荷兰物理学家洛伦兹（1853～1928）找到了一种新的变换法，能够使得 $c+V$ 还是等于 c，这种新的变换后来以他的名字命名：洛伦兹变换。洛伦兹变换的最大特点就是空间的坐标变换时，不单与空间坐标有关，还与时间坐标有关，把空间和时间联系了起来。不过洛伦兹只是为了就事论事地解决问题，但并没有想到要彻底改造牛顿力学。

我们知道空间是三维的，即有上下、前后、左右三个方向（数学上

讲，就是有三个坐标）；时间是一维的，即只有过去和将来一个方向（一个坐标）。在牛顿的力学理论中，当把一个参考系中的三个空间坐标变到另一个参考系中去时，其变换的公式（即伽利略变换公式）只与空间坐标有关，与时间无关。而时间坐标只有一个，而且在所有的参考系中都是相同的，并不需要变换。在这样的坐标变换下，就能得到上面讨论过的在泰坦尼克号游轮上行走人的合速度为 $v+V$ 的速度相加法则。这种空间归空间，时间归时间，空、时互不相关的观点，叫牛顿的绝对时空观。

爱因斯坦的狭义相对论改变了牛顿的绝对时空观，提出了相对论时空观，把时间和空间联系了起来。这一点在洛伦兹变换中集中地表现了出来：两个参考系的空间坐标变换式中，包含有时间坐标；时间坐标变换式也包含空间坐标。这样就能得到 $c+V$ 仍然为 c，甚至 $c+c$ 也仍然为 c。这就给出了爱因斯坦在中学生时代冥思苦想问题的答案：以光速 c 飞行的物体中发出的光，对于地球的速度仍然是 c，而不是 $2c$。

当初洛伦兹提出这个变换式时，只是为了解决麦克斯韦电磁理论中，电磁波在任何参考系中的传播速度均为光速的问题，并没有意识到这是时空观上的变革。爱因斯坦把它上升为时空观上的一次革命，彻底改变了牛顿的绝对时空观，提出相对论的时空观。用洛伦兹变换可以非常方便地推导出上面这些狭义相对论的结论：运动物体的长度收缩、时间变慢以及同时的相对性。还可推出运动物体的质量会增加，由这一事实，爱因斯坦在随后的一篇文章中给出了著名的 $E=mc^2$ 公式。这一公式带给人类社会利益和灾难两方面的巨大影响在上一部分已有介绍，这里就不多赘言。

有人可能会问，狭义相对论预言的这些现象，为什么我们在日常生活中并没有看到。原因是我们日常生活中的速度，与光速相比实在是太小了。你想光速是每秒 30 万千米，而飞驶在高速铁路的火车速度只有每秒 0. 1 千米（每小时 360 千米）左右，喷气式飞机也只有每秒 0. 3 千米（每小时 1 千千米）左右，两者是无法比拟的。所以爱因斯坦是用一种“想象实验”，来说明他的相对论的。所谓“想象实验”是一种假设的实验，

例如在一列以 0.9 倍光速飞驶的火车上进行实验。此时相对论效应就会明显表现出来。在实验室中已有不少实验，如 μ 子的衰变等，精确地证明了狭义相对论的正确。有兴趣的读者可以参考有关书籍，如中国科学院理论物理研究所张元仲教授的专著《狭义相对论实验基础》一书等。

1905 年爱因斯坦创建的狭义相对论，彻底解决了麦克斯韦经典电磁理论和牛顿经典力学之间的矛盾，实现了时空观的革命，开创了一个物理学的新时代。相对论的又一成功之处是它虽然"革"了牛顿力学的命，但又把牛顿力学包含在它的理论中：当速度与光速相比很小时，相对论的效应就不明显了，于是又回到了牛顿的力学。所以我们在日常生活中，完全不用考虑相对论。工程技术领域仍只要用牛顿力学来计算，即使在航天飞机这样速度高的情况下，牛顿力学也仍然可用。不过在不少情况下，特别是在科学研究中，相对论效应是必须考虑的，万万不能忽略。

狭义相对论虽然取得了巨大成功，但他还有局限性，那就是它只是讨论了惯性参考系的问题，没有涉及非惯性参考系。非惯性参考系，就是彼此作加速运动的参考系。在狭义相对论的框架内不能讨论"孪生子佯谬"，是因为当哥哥出去宇宙航行，要回到地球就必然要经历加速过程，所以狭义相对论就无能为力了。要讨论加速过程，就必须抛开狭义相对论中惯性参考系的限制。

牛顿的水桶

爱因斯坦历经了他的奇迹年后，已经成为一个家喻户晓的传奇人物。不过他对此并不过分在意，更不以此为满足。他认为狭义相对论尚欠完美，相对性原理不应只在惯性参考系内成立，必须把它推广为在所有参考系中均成立。要实现这一目标，首要的是把狭义相对论中惯性运动与惯性参考系的特殊地位去掉，把非惯性参考系包括进来。

所谓非惯性参考系就是彼此之间有加速度的参考系。非惯性参考系有一个著名的例子：牛顿的水桶实验。牛顿在他 1687 年发表的《自然哲学之数学原理》一书中，第一个讲到的物理实验是水桶实验。所谓水桶

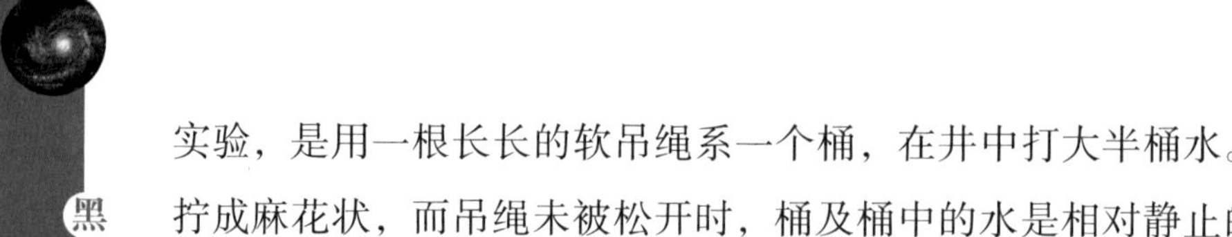

实验，是用一根长长的软吊绳系一个桶，在井中打大半桶水。当把吊绳拧成麻花状，而吊绳未被松开时，桶及桶中的水是相对静止的，水面是平的。如果突然放手，让吊绳旋转，水桶也随着吊绳旋动，经过一段后，水和桶一起转动。这时，水和桶之间虽然也是相对静止的，不转动的，但水面却呈现为凹状，中心低，桶边高。为什么水面会呈凹状？这是因为水和桶相对于水井（地球）在旋转（加速运动），由于离心力的作用，水面呈凹状。此时水和桶相对水井（地球）来说就是一个非惯性参考系。当然牛顿当时举这个例子，并不单单为了说明非惯性参考系，而是为了提出他关于绝对空间的概念。这个问题较为复杂，在此不能作深入介绍了。非惯性参考系还有许许多多的其他例子，如变速行驶在地面上的火车或汽车，相对地面来说，也是一个非惯性参考系。

非惯性参考系明显地与惯性参考系有差别，因为加速度是感觉得到、测量得出的。生活经验告诉我们，当一列火车或汽车启动时，我们的身体会被推向座椅的靠背；刹车时我们的身体向前一冲。不需仪器，单凭我们的感觉就可以知道车辆在对地面作加速运动了。在牛顿的水桶实验中，就可凭水面呈凹状，判断水桶和水是非惯性系。那么，物理相对性原理怎么才能在非惯性参考系中也成立呢？

在牛顿的经典力学中，有一种方法可以处理加速度问题，那就是引进惯性力的概念。车辆在加速时，你仍然可以设想它们是在做匀速直线运动，而身体的向后靠或向前冲，则是有一个力在把你推向后或拉向前，这个设想的力叫作惯性力。引入惯性力后，就可以把惯性参考系的特殊地位去掉，实现所有的参考系都一律平等。火车或汽车启动、刹车时身体被推向后、推向前，可以看作是因为惯性力在把你推向后或拉向前，因而火车或汽车与地面仍然相对是惯性参考系。

这样一来，就可以把狭义相对论中的相对性原理被推广为广义相对性原理，即“物理学定律具有对于无论以什么方式运动的参考系都成立的性质。”“普遍的自然规律是由对一切坐标系都有效的方程来表述的。”广义相对性原理是广义相对论的第一个基本原理，广义相对论中的“广义”

一词也是因之而来。

等效原理

狭义相对论的局限性除了只能讨论惯性参考系的情况外，还有一个：不能讨论引力理论。要把狭义相对论用于讨论引力，还必须引进另一个基本原理——等效原理。等效原理是说引力和惯性力两者是等价的。可以用上面的例子再来做一个说明：车辆启动时你向后靠去，可以有两种解释：一是车辆在加速，由于惯性的作用你向后靠去，或者是惯性力把你推向后方；二是在你后面有一大质量的物体，是由于它的引力把你吸引过去了。这两者说法不同，但后果是一样的，你都向后靠去。在乘电梯时，大家都有这样的经验：电梯刚启动上升时，会感觉到脚踩电梯的地面更紧了；刚开始下降时，人就感到轻飘飘的。如果用一只测量体重的磅秤，在电梯里测量人的体重。则会发现电梯刚启动上升时，磅秤显示出重量大大超出了人的体重，而在下降时，人的体重又会减轻许多。我们知道重量是地球对我们的引力造成的，而在电梯上升、下降时地球的引力并无变化，只是有向上或向下的加速度出现。这一现象充分说明了加速度，亦即惯性力是与引力等价的。

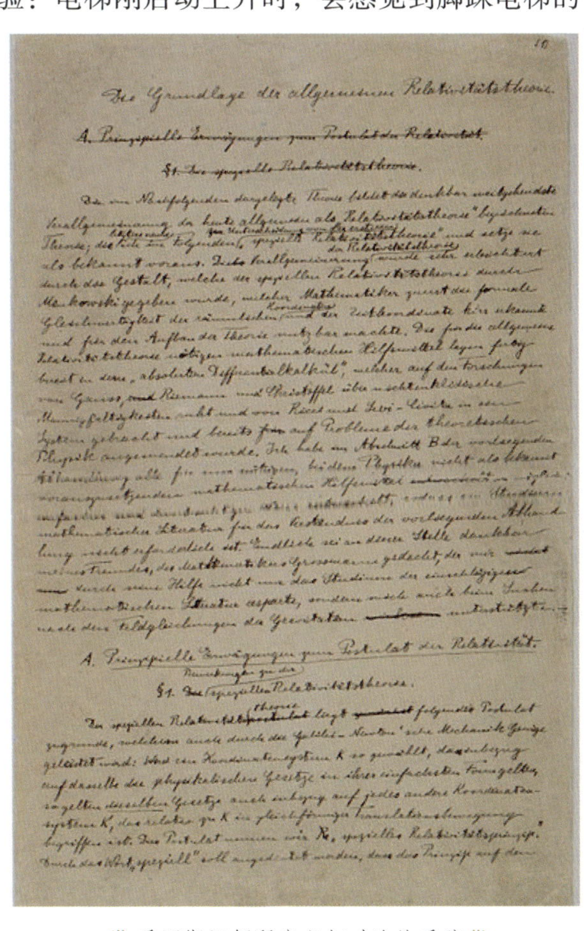
Die Grundlage der allgemeinen Relativitätstheorie.

A. Prinzipielle Erwägungen zum Postulat der Relativität.

爱因斯坦解释广义相对论的手稿

等效原理是爱因斯坦 1907 年发表在《放射性年鉴》杂志上的一篇论文中提出的。文中他还提出了引力红移、光线在引力场中的偏折等新概念。这篇文章是爱因斯坦探索广义相对论的开始。

广义相对论的建立，不像狭义相对论那样一帆风顺。1907 年发表第一篇文章，4 年后爱因斯坦才重新讨论这些问题，不过仍然没有成功。直到 1916 年，爱因斯坦找到了描述引力理论的数学语言——黎曼几何，广义相对论才最终确立。广义相对论代表了现代物理学中引力理论研究的最高水平，它将经典的牛顿万有引力定律包含在狭义相对论的框架中，并在此基础上应用等效原理，从而给出了广义相对论的种种特性。由于广义相对论要用到许多数学和物理的高深理论，我们不可能在这里详加讨论，只能对它做些简单的介绍和说明。

不闭合的轨道

1916 年爱因斯坦在发表广义相对论的文章时，就清楚解释了水星近日点的反常进动问题。

开普勒的三大定律说太阳系的行星均在椭圆轨道上绕太阳运行，太阳在此椭圆的一个焦点上。可是就有一个行星，它的轨道虽然也是椭圆，但有一点小小的瑕疵——椭圆轨道不闭合。这个行星就是水星，它每次行经近日点时，总回不了原来的位置，这就是所谓的水星近日点反常进动现象（如图）。水星轨道近日点的进动是在 1859 年由法国数学

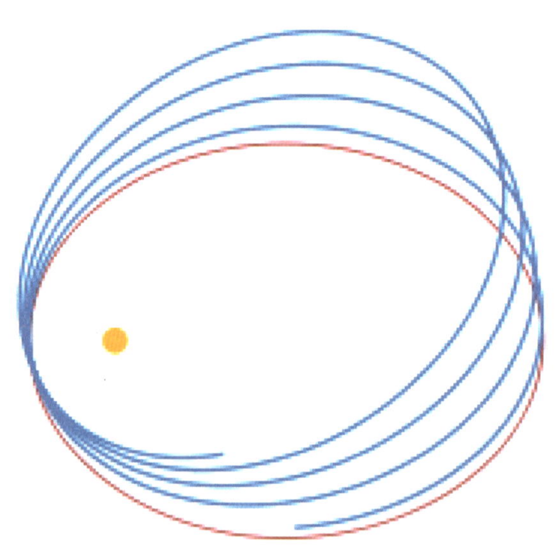

水星近日点的进动现象。最下面的闭合椭圆为根据牛顿理论画出的轨道

家、天文学家勒维利埃（1811 ~ 1877）发现的。他分析了一个半世纪的天文观测记录，计算出的水星近日点的进动值每 100 年便会比根据牛顿万有引力定律计算的理论值快 38 角秒。经后人的更精确计算，水星近日点的多余进动值为每百年 43 角秒，这一现象长期以来一直没有得到合理的解释。

爱因斯坦在发表广义相对论的第一篇文章里，就计算得到了每百年 43 角秒的水星近日点多余进动值。这是广义相对论的第一次辉煌胜利，也是对广义相对论的第一个实验验证。

时空弯曲

在广义相对论出现之前的 200 多年，牛顿就提出来万有引力定律，并被广泛接受。

它成功地解释了物质之间的引力作用，引力来自有质量的物体之间的相互吸引。虽然万有引力定律在解决物体运动时非常成功，但对于引力的本质并不清楚。在广义相对论中，引力被描述为时空的一种几何属性——时空弯曲。苹果落地，在牛顿看来是一个大质量的物体——地球，把它吸引下来的。而爱因斯坦认为是因为地球的引力使空间弯曲了，形成了一个凹坑，所以苹果滚到了凹坑的底部。

爱因斯坦通过等效原理把加速度（惯性力）与引力等同起来，又把

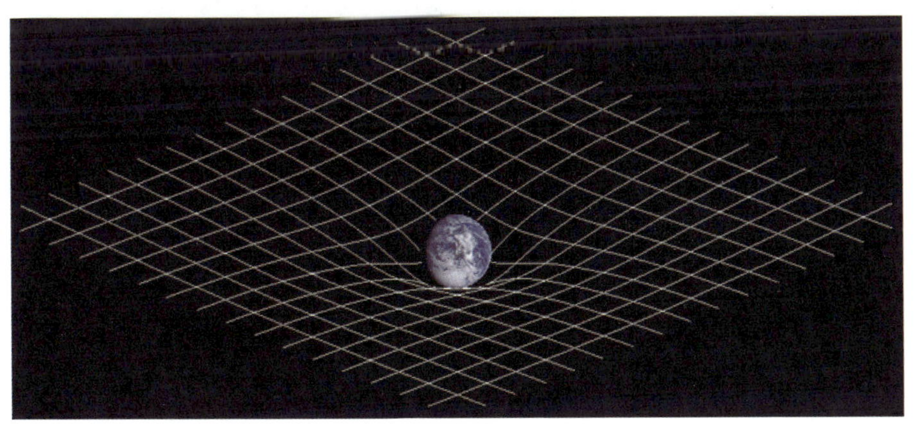

星体附近的时空弯曲

引力与时空的弯曲联系了起来，就这样一步步地把物理问题数学化了。这样做的好处是可以用弯曲空间的黎曼几何来描述广义相对论。

我们把有质量物体周围的引力分布情况叫作引力场。场的概念是法拉第首先用来描述电荷或磁极周围电力或磁力情况的，后来被推广为描述讨论各种物理量分布情况的一种数学语言，例如把一个热的物体周围的温度分布叫作温度场等。爱因斯坦把引力场归结为是空间的弯曲，愈是靠近天体的地方，即引力场愈大的地方弯曲得愈加厉害。

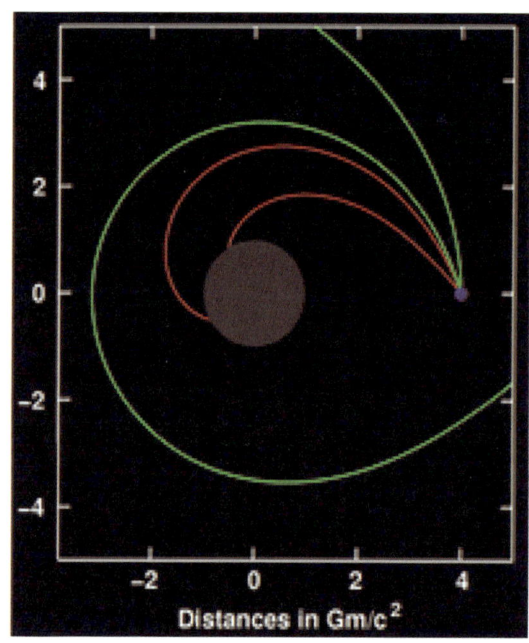

光线被天体吸引而弯曲

有了时空弯曲的概念，就可以很容易地解释光线在引力场中的弯曲：光线在弯曲的空间中，当然是沿着曲线传播的了。不过同样也可以理解为：光线被大质量的天体吸引所以弯曲了，如图所示：小球表示发光体，大球表示大质量天体；四根曲线表示天体质量不同时，光线弯曲的程度，外侧曲线表示引力较弱时的光线传播轨迹，最外面一根受到的引力最小；内侧曲线是引力很强时的情况，光线已经传播不出去了，最内侧的那根受到的引力最强。

读者可能会问每个物体（包括我们自己）都有质量，周围都有引力场，那么光线经过我们周围也会弯曲吗？不错，我们周围也有引力场存在，不过由于引力非常微弱，它与电磁力相比要小 36 个数量级，也就是说如果电磁力是 1，引力则只是它的小数点后面 36 个 0 后才有个 1 那么大。所以不要说我们身体的引力对光线不会有影响，地球对它的影响也微乎其微，完全可以忽略，地球的引力只能对月亮有作用。即使太阳这样质

量巨大的天体，光线弯曲的程度也非常微弱，要进行非常精确的测量才能发现。

为了验证广义相对论的正确性，英国皇家学会和英国皇家天文学会在 1919 年日全食时，派出了由天文学家爱丁顿爵士（1882 ~ 1944）等人率领的两支观测队分赴西非几内亚湾的普林西比岛和巴西的索勃瑞尔两地观测。在非洲的普林西比岛进行观测的观测队，测到了日食时的光线在太阳引力场中的偏折现象，其角度和广义相对论的预言完全相符。这一发现被全球报纸竞相报道，使爱因斯坦和他广义相对论声名大振。

为什么只有在日全食时才能测得光线的偏折呢？要测量某一颗星发出的光线在行经太阳时的偏折，必须对它的光线在经过或不经过太阳两种情况下进行测量。在晚间测到的这颗星的光线是不经过太阳的；要测量途径太阳的光线，就必须测量这颗星在太阳后面时发出的光。太阳光是那么的明亮，从它后面传来的暗淡的星光是根本无法测量的。唯一的机会就是日全食，当月亮把太阳光完全遮挡时，把在晚间测得的星体位置和同一颗星在日全食测得的位置进行对比，就可确定其光线的偏折了。

引力红移和引力延时

虽然光线在引力场中的弯曲在 1918 年就被证明了，但广义相对论预言的另一个特性——引力红移，尽管有众多物理学家都在努力寻找，却迟迟一直也未能发现。原因是引力引起的红移非常非常之小，在 1907 年的那篇文章中，爱因斯坦做出的估计是：频率的改变与引力势成正比，对于像太阳那样的引力势，频率改变的量只有频率本身的百万分之一左右。以当时的实验条件，根本无法测量这么小的量。

那么，引力红移是怎么一回事呢？由于红移这一物理概念，不但在这里要用到，而在后面讨论宇宙膨胀时更显得重要，所以在此对它做较为详细的介绍。

前面已经说明光是电磁波的一种，电磁波的频率范围要从最低的远红外辐射开始，一直覆盖到伽马射线辐射。所有物体发出的光线都是由

◁‖ 美丽的虹 ‖▷

许多不同频率的单色（单一频率）光所组成。在雨过天晴的清晨或傍晚，可能会有一道美丽的彩虹倒挂在天边，彩虹实际上就是天空中的水珠把太阳光中不同颜色区分开而形成的一种光学现象。可以用分光仪器（最简单的是三棱镜，更为精确的是光栅）把光线中的各种频率分辨开来，例如可以把太阳光分成红、橙、黄、绿、蓝、靛、紫七种颜色组成。其实太阳光的颜色远不止七种，七种颜色只是一种简单的区分，每种颜色都代表某个频率的范围。

每种元素都有自己独有的光谱，就好像我们都有自己的指纹一样。利用这一特性，就可以根据光谱来辨别元素，这是天文学、宇宙学中的常用方法。下图是元素氢（上）和铁（下）的特征光谱。光谱还分发射光谱和吸收光谱两种，发射光谱是指元素在燃烧时发出的光谱，而吸收光谱则是指自然光通过某种元素（蒸汽）时，其中一些谱线被吸收掉了。

有了光谱的概念，我们就可以方便地对“红移”进行解释了。“红移”是指光谱中的一根根的谱线，由于某种原因（如多普勒效应、引力效应等）向频率低的一端移动。频率低的一端就是颜色偏红的一端，所以称之为红移。

◁‖ 上：氢的发射光谱；下：铁的发射光谱 ‖▷

引力红移是指光线通过强引力场时，由于引力作用而向红端移动的现象。最早对引力红移的验证，是美国威尔逊山天文台的亚当斯（1876～1956）在1925年进行的天文观测。天狼星的伴星天狼A是一颗白矮星，它的密度很大，是铂的大约2000倍。亚当斯观测它发出的光，发现其中谱线的位置移动了，移动的量与广义相对论的预言基本相符。不过孤证是不能作为证明的，要在天文观测中寻找更多的引力红移基本上是不可能的，因为谱线位置的移动甚至比谱线本身的宽度还要小。

20世纪60年代穆斯堡尔效应发现后，利用穆斯堡尔效应才有可能测出这么小的引力红移。1960年，哈佛大学的庞德（1919～2010）和雷布卡等人在美国哈佛大学杰弗逊物理实验室大楼距离地面22.6米的塔顶上，放置了一个^{57}Co伽马射线辐射源；在地面放置了由吸收体^{57}Fe和闪烁计数器组成的探测器，用它来测量辐射源发出的信号。利用穆斯堡尔效应，他们发现辐射源的频率到达地面时确实变了，其变化值与理论预言值之比为1.05±0.10。后来经过进一步改进实验，此值提高为0.9990±0.0076，也就是说实验值与理论值的偏差还不到1%。引力红移看似只是对于了解宇宙有着至关重要的作用，对我们的日常生活是没有什么关系的。其实不然，例如对于全球定位系统（GPS）来说，引力红移就有重要作用。庞德和雷布卡的实验中，辐射源和探测器之间的高度差只有22.6米，而对于GPS系统来说，发射器在人造卫星上，接收器在地面上，两者的高度差达好几百千米，所以必须计入引力红移效应。

引力红移的实质就是引力延时，即在引力的作用下时钟会变慢。在引力场中时钟走得慢了，现在的1秒钟要比原来的1秒钟长一些。这样一来就使得频率变低，例如我们用的交流电的频率是50赫（每秒50周），这是在地球引力场中的情况。如果到了太阳附近，太阳的引力场大大地大于地球引力场，由于引力延时，那里的1秒钟将比地球处的1秒钟长，也就是说同样的50周将在1秒多钟内完成，这样一来频率就降低了，于是就有了引力红移效应。所以说，对引力红移的证明，也就是对引力延迟的证明。

不过这样的证明，还只是间接的证明，那有没有直接的证明呢？有，这就是所谓的雷达回波延迟实验。它是美国物理学家夏皮罗在 1964 年首先提出的。他建议将雷达射线射向水星、金星与火星等天体，然后测量从那些星体反射回来的雷达回波，光速是已知的，可以精确计算出雷达射线一去一来所需的时间。雷达射线在去和回来的路上都要在太阳附近经过，如果有引力延迟，实际测到的雷达回波就要比用光速理论计算的时间长，因此由实验测得的雷达回波数据，就可以确定引力延迟存在与否。他的小组证明雷达回波确有延迟现象，由此证明了引力延迟确实存在。后来又有人用人造天体（如人造卫星、宇宙空间站等）作为反射靶，进行雷达回波实验，由于人造天体的距离可以精确测定，这样可以大大提高实验的精度。这类实验的结果与广义相对论理论值符合得很好，只有大约 1%偏差。

通过天文学观测来检验广义相对论的事例还有许多，例如 2013 年 4 月 26 日的美国《科学》杂志发表了德国马克斯·普朗克射电天文学研究所的一篇文章，宣称他们领导的一个国际研究小组通过对宇宙中一颗中子星及其伴星的观测，再次验证了爱因斯坦广义相对论的正确。总而言之，广义相对论已经被许多实验所证实，至今尚未发现有否定广义相对论的实验事实（这样的事实只要有一个就足以推翻广义相对论），所以到目前为止物理学家们都普遍认为广义相对论是可靠的、正确的。

有了引力延迟效应，就可以最终解决“孪生子佯谬”了。由于孪生的哥哥从地球出发，进行宇宙飞行后再返回地球的过程中，必然要经历加速过程。根据等效原理，有加速度就相当于有引力场，就会发生引力延时，他身上的生物钟变慢了；而他的弟弟没有经历加速过程，身上的生物钟没有变化。所以当哥哥经过宇宙飞行后回到地球时，就会发现他的孪生弟弟比他更老。中国神话传说中的烂柯山故事，在宇宙航行中会真实地发生，实现了“船中方七日，世（地球）上已千年”的梦想。当然是不是真正的“七日已千年”，还只是有“七日”已“几月”“几年”……，这还得看所经过的引力场的大小。

除了加速过程根据等效原理，所产生的等效引力场外，大质量星体周围的引力场也能造成引力延时。而且星体的质量愈大，其周围的引力场愈强，引力延时愈明显，宇宙航行飞行员的寿命就延得愈长。

广义相对论与黑洞

在前面我们已经指出，黑洞理论是在爱因斯坦建立了广义相对论的引力场方程后，才真正在现代科学的意义上站住了脚。反过来，黑洞的发现又给了广义相对论一个有力的证明。宇宙中其他一些现象的发现，如中子星的发现、宇宙膨胀的发现、微波背景辐射的发现等，都是对广义相对论的有力支持。

牛顿的万有引力定律在处理地球上的问题，直至太阳系的问题上都是正确的。但在处理更大范围中的宇宙问题时，那就要出问题了。牛顿引力理论只能处理所谓弱引力问题，在更大的宇宙范围内，由于星体众多，质量巨大，引力巨大，它就无能为力了，此时必须用广义相对论的引力理论。

九、宇宙洪荒

从《千字文》说起

1992年9月15日加拿大多伦多电影节上，放映了一部纪录片“*Baraka*”，它的中文译名是《天地玄黄》。天地玄黄是《千字文》中的头四个字，而*Baraka*是一个人名，原为古代伊斯兰语的一个单词，意为“祝福”，那么怎样会翻译成《天地玄黄》呢？这部纪录片是以地球上人类的进化以及人类与环境的关系作为题材，内容是人类的文明与文化：有日全食带来的黑暗；从喜马拉雅山到中非草原、印尼的婆罗摩火山到夏威夷的国家火山公园等各色不同的自然风光；对原始人类有着重要威慑力的地貌特征物，如澳大利亚的艾尔斯巨石等；以及与原始宗教起源有关的一些唱歌、跳舞等祭祀仪式的场面等。拍摄的画面非常壮观，内容的含义极为深刻，因而被誉为20世纪最伟大的纪录片。“天地玄黄”原为“天玄地黄”，来自《易经》。其字面意思是天是黑色的，地是黄色的。延伸的意思是，天是玄妙的、难于捉摸的；地是生长万物的黄土。“天地玄黄”的意思非常符合这部电影的内容，所以用《天地玄黄》作为中文的片名，真是确切之至，不得不佩服翻译者的高明。

《千字文》是中国古代传授浅显百科知识的启蒙读物，开头几句是：“天地玄黄，宇宙洪荒，日月盈昃，辰宿列张。”这是讲天文的。接下的两句“寒来暑往，秋收冬藏”是讲气象的。这六句描写的都是天上的情况，中国古代天文和气象是不大区分的，《三国演义》中讲诸葛亮上知天文、下晓地理。所谓知天文是说他能知道什么时候有大雾，可乘机草船借箭；什么时候刮东风，可以火烧赤壁。其实这都是气象的，而不是现代天文的内容。

“宇宙洪荒”中的“宇宙”两字与我们现在理解的略有差别，西汉

时的古籍《淮南子》中说："上下四方曰宇，古往今来曰宙"，宇宙实际上指的是空间和时间，这倒与英文中的空时一词——space-time甚为相配。宇宙洪荒的意思是指在遥远的过去，天地是怎么样的？这是对天地起源疑问的一种间接表述。屈原在《天问》中，就把这个问题直截了当地提了出来："遂古之初，谁传道之？上下未形，何由考之？……"

天地的形成，大概自原始社会开始，一直是人们思考的大问题。当时人类最关心的事当然是吃饭问题。不过填饱肚子之余，也得看看周围的自然环境，最容易进入视野的就是天和地了。天有东升西落的太阳、时圆时缺的月亮、遍布天穹的星辰。这些必然成为人类最初观察和思考的对象。不过上古时代人类知识贫乏，观察手段有限，对天地之间的自然景观，特别是天上的现象人们只能作些猜测和思辨，于是就产生了种种的神话传说和创世理论。

创世纪

一提创世纪，大家马上想到的是《圣经》里上帝花七天时间创造了世间万物的故事。其实创世纪并不是《圣经》独有的，世界各个国家、各个民族、各种文明和文化均有自己的创世纪。

我们中国有自己的创世纪，而且还有多种版本。传播最广的大概要算盘古天地开辟说了：最初时天和地是混沌在一起的，像一只鸡蛋，盘古生在其中。一万八千年后，天地分开了，轻清者上升为天，重浊的下沉为地。盘古顶天立地站在其中，一天九变，主宰天地。每日天上升一丈，地变厚一丈，盘古也长一丈。再过一万八千年，天变得极高，地变得极深，盘古也变得极长。这样一来天地相距九万里。(原文为："天地混沌如鸡子。盘古生在其中。万八千岁。天地开辟。阳清为天。阴浊为地。盘古在其中。一日九变。神于天。圣于地。天日高一丈。地日厚一丈。盘古日长一丈。如此万八千岁。天数极高。地数极深。盘古极长。故天去地九万里，后乃有三皇。")这是中国式的创世纪，还颇有些像亚里士多德的壳状宇宙模型，也有些许当今大爆炸宇宙学的影子。不过这不是中国唯一的创世纪和最被认可的宇宙模型，我国最为广泛接受的是天圆地方说：

天如覆盆，地如棋盘。

古埃及的创世纪认为是太阳神阿蒙·赖创造了世界，把宇宙想象成以天为盒盖、大地为盒底的大盒子，大地的中央则是尼罗河。古巴比伦则认为是众神之王马多克开天辟地创造了世界，天和地都是拱形的，大地被海洋所环绕，而其中央则是高山。古印度认为宇宙由地、水、火和风所构成，想象圆盘形的大地伏在几只大象上，而象则站在巨大乌龟的背上。这些就是原始社会的宇宙学，是由宗教和哲学冥想交织形成的宇宙学。

在世界几大古代文明中，对于宇宙的起源和构成思考得最为深入的，可能要推古希腊了。英文宇宙一词（cosmos）来自希腊文，原来的词义为“次序”。古希腊人发现了天上的现象较其他自然现象更有“次序”：太阳每天在空中穿行，月亮每月有盈亏；恒星在空中固定不动，但有5个漫游者——行星（希腊文中行星意即漫游者），因而称它为“宇宙（次序）”。公元前6世纪，古希腊七贤之一的泰勒斯，摈弃种种神话故事，建立起了自己的宇宙学。泰勒斯被西方社会认为是世界上第一个仰望星空的哲学家，他第一次成功预言了日食。泰勒斯虽然是有神论者，但是他把创世的特权从神的手中夺回来。他认为宇宙中，水是万物之源。在此基础上，后来发展出了宇宙万物是由土、气、水、火组成的著名的希腊四元素说。亚里士多德更是发展了宇宙有序的思想，提出了九层天宇宙模型（已在前面介绍过）。四种元素中土最重，理所当然地沉降在下，地球处于九层天宇宙模型的最底层。地心说究其根源，还是亚里士多德九层天宇宙模型，托勒密只是在此基础上，使它更符合天体运行的规律而已。

大家可能认亚里士多德的宇宙模型是符合天主教教义的，其实大谬不然。亚里士多德的宇宙模型，以及后来经托勒密发展的地心说都也把宇宙安排得整整齐齐，神只是起了第一推动力的作用，之后日月星辰就按照自己的规律不停地运转下去。天主教的创世纪则是说，上帝不仅创造了宇宙的一切，而且还能随心所欲地要它停就停，要它走就走。圣经里就有为了惩罚人类的过错，让天上的星辰停止运行的故事，这在亚里

士多德和托勒密的模型里是绝不可能的。所以在很长一段时间里，天主教廷一直反对这个模型，对它痛加鞭笞。直到哥白尼、伽利略主张日心说，反对地心说，教会才真正感到地心说对于维护他们教义的重要性。这才有了前面介绍过的对伽利略等人的疯狂迫害。

日心说的提出是宇宙学史上的一个划时代的大事，它的意义在于从神的手中夺回了主宰宇宙的特权。几百年后又出现了另一件划时代的大事，那就是关于宇宙是一成不变的还是演化的争论。要说明这个问题，就得谈谈牛顿的宇宙观和“亮空疑难”问题。

“亮空疑难”

夜晚星空是亮的还是暗的？大家对这个问题一定会嗤之以鼻，夜晚的星空当然是暗的，只有星星在上面眨眼睛。不过20世纪真还有人根据牛顿无限宇宙的观点，做出夜晚星空是亮的这样有悖常识的结论。这就是所谓的“亮空疑难”问题。

牛顿发现了操控天体运行的万有引力定律，树立了自己的宇宙观：宇宙是无穷无尽的，永恒不变的。这个观点为大众接受了几个世纪，直到今天可能还被大多数人深信不疑。不过在19世纪初，就有人指出：如果天上发光的星星是无限多的，那么天球上的每一点上都会有星光。天球是设想出来的，并不是真正有一个球面，所有的星星排列在它上面。天球上的星光，实际上来自距离各不相同的地方，如果宇宙是无限的，星光就会布满天球，那么晚上看到的天空就不会是黑暗的背景上星星在眨眼，而是一片明亮的天幕。这就是1826年德国天文学家奥伯斯（1758～1840）针对牛顿的无限宇宙观提出的疑问——“亮空疑难”或奥伯斯佯谬。

到19世纪末，另一位德国天文学家西利格（1849～1924）对牛顿的无限宇宙观也提出了批评：如果宇宙无限大，星体无限多，那么宇宙中任意一个有限区域内的物质将被区域外无限多的物质所吸引，从而有限区域内的物质无法靠自身的引力收缩成为星体；已经形成的恒星则将受到其他所有恒星的吸引，虽然来自四面八方各个星体的引力有强有弱，但它受到的最终合引力是无限大的，足以把恒星撕成碎片。这就是所谓

的“引力佯谬”或西利格佯谬。

夜空当然不是明亮的，恒星也没有被撕成碎片，所以把它们称作“佯谬”。这两个佯谬确实击中了牛顿宇宙观的要害，虽然有不少科学家对此作过种种解释，但都不能根本解决问题。根本解决这个问题的是爱因斯坦建立的广义相对论。

有限而无界的宇宙

爱因斯坦建立广义相对论后，牛顿的万有引力理论就被广义相对论的引力理论所替代。牛顿的万有引力理论在引力不太强的情况下仍然是正确的，例如在我们的太阳系中，都可以用牛顿的万有引力理论来进行计算。其结果除极个别情况，如水星近日点的进动外，基本上都是正确的。但到了比银河系更广袤的宇宙空间，就必须用爱因斯坦的广义相对论了。

1905 年爱因斯坦建立狭义相对论时，把时间（1 维）和空间（3 维）合并构成了统一的 4 维时空；在广义相对论中，他又进一步把引力与时空弯曲联系了起来：引力场的存在使得时空弯曲，物理上的引力等同于数学上的曲率，引力愈强，曲率愈大。时空弯曲有些难于理解，严格的叙述必须用到黎曼几何，这当然大大超出了本书的范围。在这里只能举例说明一下，3 维空间的弯曲可以想象成一块洗澡用海绵的弯曲，海绵中每个部位都是弯曲的。3 维空间的弯曲还是难于想象，2 维空间（面）的弯曲就比较直观了：普通电影院里的银幕是个平面（不弯曲），而全景电影的屏幕则是弯曲的，全景电影屏幕上的任何东西都是弯曲的，而且在每一点上都是弯曲的。图中给出了 2 维面的三种弯曲情况：左边的

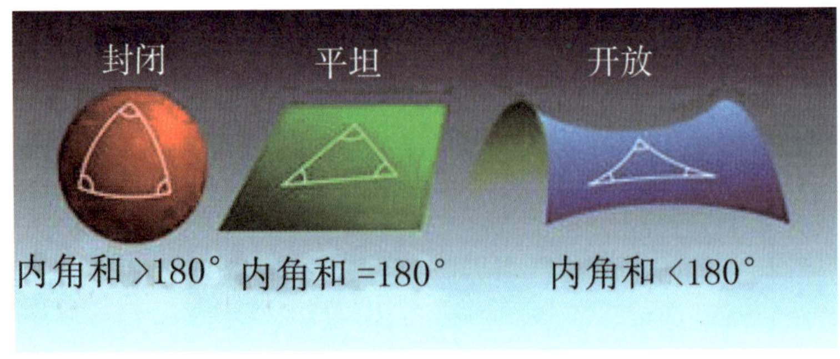

2 维面的弯曲情况

是球面、中间的是平面、右边的是马鞍形面。在这三种不同的2维面上，所用的几何也是不同的：我们在中学里学到的是欧几里得几何，它只适用于平面；在球面上就要用黎曼几何；而在马鞍形面上就必须用罗巴切夫斯基几何。这三种不同几何的差别，不能在此详细介绍，只能指出几个显著的不同。在中学平面几何中有两个熟知的性质，一是三角形的内角之和等于180°；另一是两条平行直线永远不会相交。但这两个性质只是在适用于平面的欧几里得几何中成立，在适用于球面的黎曼几何和适用于马鞍形面的罗巴切夫斯基几何中，均不再成立。在球面上的三角形三内角之和大于180°，在马鞍形面上的三角形三内角之和小于180°；而两条平行直线是会相交的。

爱因斯坦认为时空是4维的：3维空间加上1维时间组成4维时空。3维宇宙空间只是这个4维时空的一个3维（超）曲面，就像3维空间中的一个气球的2维球面那样。在3维空间中来看，一个气球的体积是有限的；而生长在2维球面上的生物，在球面上爬行时是感觉不到有边界的。因此爱因斯坦认为宇宙与此相似也是有限而无界的。在4维时空中，3维宇宙空间是有限的，但我们这些生长在3维空间的人也是感觉不到边界的。爱因斯坦的这个宇宙模型与牛顿的无限宇宙模型非常明显地不同。这个模型能够从根本上解决上面的"亮空疑难"和"引力佯谬"。

演化的宇宙

就在爱因斯坦提出他的宇宙模型后的不久，苏联数学家、理论物理学家弗里德曼（1888～1925）在1922年找到了广义相对论引力场方程的一个不需添加常数Λ的解。在弗里德曼的方程里，包含有一个常数k，k可取1、0、−1三个值。k的三个值表示宇宙有三种不同状态：

k=1，宇宙为3维球状空间，总体积是有限的；

k=−1，宇宙为3维马鞍状空间，总体积是无限的；

k=0，宇宙为3维平直空间，总体积也是无限的。

后面的图是这三种宇宙的示意图。左边是描写宇宙空间的三种不同几何状态，最上面的代表k=−1的3维马鞍形空间，适用的是罗巴切夫斯

基几何；中间的代表 $k=0$ 的 3 维平直空间，适用的是欧几里得几何；下面的代表 $k=1$ 的球面空间，适用的是黎曼几何。右边表示宇宙空间的封闭与开放的情况，下面的 $k=1$ 时的宇宙是闭合的，其他两种则是开放的。

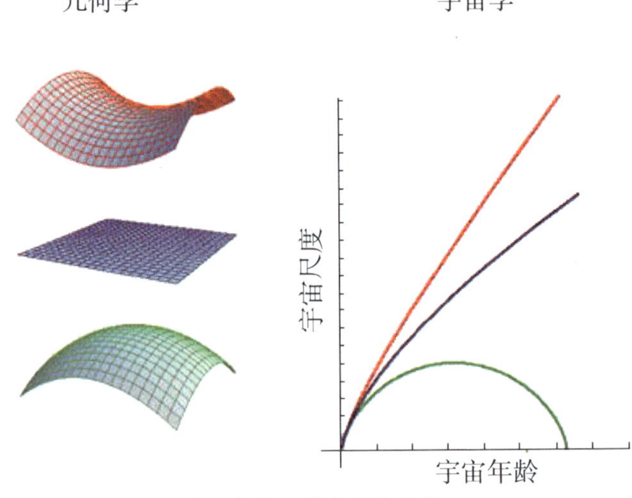

三种几何与三种宇宙状态

由于从弗里德曼方程得到的宇宙半径是随时间变化的，所以人们把这种宇宙模型称作宇宙的演化模型，以前普遍认为（包括爱因斯坦）宇宙是稳恒的。可能是天妒英才，与史瓦西预言黑洞半径后不久便染病身亡一样，弗里德曼也是在提出宇宙演化论后不久，可能在黑海度假胜地克里米亚染上了伤寒症，于 1925 年 9 月 16 日去世，终年只有 37 岁。不要看他英年早逝，他已经培养了两个杰出的学生：一个是苏联物理学家福克；另一个就是最早提出大爆炸理论之一的伽莫夫。

宇宙常数——爱因斯坦一生最大的错误吗

爱因斯坦建立了广义相对论，给出了广义相对论的引力场方程。这个方程要用到黎曼几何的许多概念，所以不能在此写出来，只能做出说明。

等效原理把引力等效于惯性力，而惯性力与非惯性参照系的加速度有关。一个以任意加速度运动的参照系的特征可以用 4 维时空的几何性质来描写。这样一来，引力场就与 4 维时空的几何联系起来了。在黎曼几何中，描述空间结构的基本量是所谓“度规张量”，度规张量是时空

的函数，所以也叫作“度规场”。就这样一步步地，爱因斯坦就把黎曼几何中的“度规张量”用来描述引力场。这个过程讲讲简单，但爱因斯坦整整花了七八年的时间才找到用“度规张量”来描述引力场的几何化途径。牛顿的引力场方程给出了引力场和物质密度之间的关系；爱因斯坦的引力场方程则是给出了度规张量、曲率张量（表示空间弯曲程度）与能动密度张量（其中的一个分量与质量有关）之间的关系。

由此可见爱因斯坦的引力场方程是牛顿引力场方程的推广，而且在所谓的弱场条件下，可以恢复为牛顿方程。弱场条件为 $GM/c^2R \ll 1$，其中分子上的 G 为万有引力常数、M 为星体的质量；分母中的 R 是离开星体的距离。由此可见当质量 M 非常大、引力非常强时，牛顿的万有引力定律就失效了。宇宙间星系、星系团的质量非常巨大，所以必须用广义相对论的引力理论。

爱因斯坦最初得到的引力场方程，没有稳恒的宇宙解。因此爱因斯坦在他的方程里加上了一个宇宙常数 Λ（读作伦姆达）。加上常数 Λ 并没有什么依据，只是为了能得到稳定的宇宙解。据爱因斯坦的一位学生说，当爱因斯坦得知弗里德曼的演化宇宙解后，很后悔引进宇宙常数，说这是他一生中犯的最大的错误。不过此事只见此学生的转述，而未在公开文献中发现。事过 70 多年后，情况又发生了戏剧性的变化，新的宇宙观察数据显示，可能不得不再次需要宇宙常数 Λ。所以，究竟要不要宇宙常数，引进宇宙常数究竟是不是爱因斯坦的最大错误，这还未有定论，在下面的部分中我们会回过头来再讨论这个问题。

红移和哈勃定律

弗里德曼逝世后不久，美国天文学家哈勃（1889 ～ 1953）发现了恒星光谱红移的哈勃定律，有力地支持了弗里德曼的宇宙演化理论。

红移的概念在上一部分中已经解释过了，只不过那里讲的是引力场引起的引力红移，而这里提到的红移则是由光学多普勒效应引起的。多普勒效应是以捷克布拉格大学教授多普勒的名字命名的，他在 1842 年首次提出声波和光波的这一效应。

声音的多普勒效应比较容易观察到：当一个运动声源（如飞驰火车的鸣笛声）向你迎面而来时，它发出的声音会愈来愈刺耳；而离你而去时会愈来愈低沉。声音刺耳就是频率高，低沉就频率低，所以可以根据声音频率的变高或变低，来判断声源是向你而来抑或离你而去。

光波的多普勒效应也是一样，迎面射来时频率增加，离去时频率减小。只不过光波的多普勒效应很难观察到，只有光在宇宙这样的大范围里传播时才会出现这种效应。多普勒甚至还错误地认为，根据这种效应可以解释恒星的颜色：正向地球移动的恒星发出的光要更蓝一些；离地球而且去的会更红一些。其实恒星的颜色与多普勒效应毫无关系，恒星颜色的不同主要取决于它们表面的温度。

光波的多普勒效应，正如在前面所讲的，要通过光谱线位置的移动，才能观察到。红移表明光源（恒星）在离我们而去，哈勃发现了众多星系的红移现象，正是说明了这些遥远的星系在离开我们而去。这也表明宇宙的确是在演化的，从而证实了弗里德曼的理论。遗憾的是弗里德曼没能在生前看到。

说起哈勃定律的发现，还正是应了一句老话：无心插柳柳成荫。20世纪20年代，天文界正在围绕一个问题争论不休。那就是看上去像云一般的星云，究竟是由银河系内的气体尘埃，还是由银河系外与银河系一样的星系组成的呢？当时20多岁，刚到洛杉矶郊外威尔逊山天文台（现改名为海耳天文台）工作不久的哈勃，希望利用该台拥有的、当时最大的天文望远镜——直径2.5米的胡克望远镜，通过测量星云的距离来结束这场争论。

要介绍星云距离的测量，就得先谈谈天文学上是如何测量距离的。最初用的一种测量法叫视差法。所谓视差，就是闭一只眼，睁一只眼看东西时，左右两只眼睛看到的物体位置会略有不同。利用两眼的这种视差就可以测出物体离我们的距离，这跟我们听立体声音乐的情况差不多。不过两眼之间的间距实在太小，不足以用来测量天文学上的距离。于是天文学家找到了扩大两只“眼睛”之间距离的方法，可以在地球运行轨道上两个相距最远的点（如春分点、秋分点；或夏至点、冬至点）上来

观察天体，此时两“眼”之间的距离就是地球轨道的直径。这样一来就可以用视差法来测量较远天体的距离了，如太阳系的行星等。不过对于更为遥远恒星的距离来说地球轨道的直径还是太渺小了，利用这两点来观测动辄多少多少光年的距离，产生的误差实在是太大了。

胡克望远镜

天文学家们又找到了一种可以用来测量遥远恒星距离的方法——表观星等和视星等法。我们有这样的生活经验：处在不同距离上，同样功率灯泡发出的光，看起来的亮度是不一样的，离我们距离愈远的，看起来愈暗。这种被看到的亮度和灯泡的实际亮度不同（为简单起见，我们不选用光度、照度等光度学上严格的专业术语）。如果知道了灯泡被看到的亮度和实际的亮度，就可以估算出灯泡离我们的距离。也可以把这种方法用于天文距离测量：如果知道了一个恒星的被观察到的亮度（在天文学上称此为视星等）和实际亮度（绝对星等）就可由它们之间的关系式，计算出该恒星离开我们的距离。但还有一个困难，它们的实际亮度（绝对星等）并不能测出。

19 世纪后期天文学家发现有一类天体的实际亮度是可以知道的，那就是造父变星。造父变星是一类明亮的恒星，它们的亮度按照一定的周期变化，所以叫变星。造父变星的名字来源是：1784 年发现了仙王座的 δ 星的变光规律，被确定为第一颗此类变星，而此星的中文名为造父一，故称造父变星。造父变星有一个特性，它们的光度与变化周期长短之间存在一种固定的关系，叫周光关系。利用周光关系就可以计算出造父变星的光度，从而就可以得出它离开我们的距离。只要在某个星系中找到

了造父变星，就可由造父变星的距离来确定这个星系离开我们多远。

1923～1924年间哈勃在威尔逊山天文台，用当时世界上最大的反射望远镜观察仙女座大星云，发现了12颗造父变星，算出仙女座大星云离开我们的距离达几十万光年。银河系的大小只有10万光年，所以仙女座大星云在银河系外。哈勃的发现结束了这场争论，并开创了（银）河外星系的研究。之后哈勃又测量了几十个星系，并在1925年，建立了一套星系分类法。由于这些成就，他被国际天文学界誉为星系天文学之父。

在测量中，他发现遥远星系光谱的红移是随星系的距离而增大，即星系愈遥远，它的红移愈大。在文献中，特别在科普文章中，往往称是哈勃发现了星系光谱的红移现象，其实这并不准确。星系光谱的红移现象，早在1912年就为美国亚利桑那州洛厄尔天文台的斯里弗（1875～1969）所发现。1929年，哈勃和威尔逊山天文台的同事赫马森（1891～1972）等人一起观测了24个邻近的星系，把这些星系的光谱与实验室的光谱进行了比较，发现所有的谱线都向长波方向移动了一小段距离（红移）。后来，进一步又发现所有河外星系普遍都有红移现象。而且愈遥远的星系，其红移量愈大。光谱的红移意味着星系正在离我们而去，即正在“退行”。红移量愈大，也就是退行速度愈快。并由此总结出了一条定律：退行速度与星系离我们的距离成正比。用公式表示即为：$v=HD$。式中v为退行速度；D为距离；H为比例常数，叫哈勃常数。

哈勃的这一发现，其意义远远超出了哈勃的其他发现。如果说日心说、开普勒定律和牛顿万有引力定律的确立，是天文学史上的第一次革命的话，那么哈勃定律的发现就是第二次革命。

宇宙在膨胀

哈勃红移意味着星系正在离我们而去，即在退行。这里有一个问题，星系只是在离我们地球或太阳系而去，还是星系彼此都在远离呢？如果是前者那就意味着地球、太阳系或银河系是宇宙的中心，宇宙中的其他星系正在远离这个中心。如果是后者，则从宇宙间的任何一点观察，其他天体都在退行。那么，究竟是哪一种情况呢？

为了解决这个问题就不得不讲一下宇宙学的一个原理——宇宙学原理。宇宙学原理是说，宇宙中任何一点的地位都是平等的，没有任何特殊的点。这就好像国际上的圆桌会议，圆桌边上各张椅子的地位都是平等的。如有 11 个人出席圆桌会议，坐在圆桌周围的 11 把椅子上。出席会议的每个人从自己的位子上向左右数去，每边都是 5 个人，因此他们的地位都是平等的。而长桌会议则不然，长桌端头的那把椅子有着特殊的地位，它是供会议主席坐的，英文中主席（chairman）一词就来源于此。所以宇宙学原理也叫宇宙民主原理。

哈勃定律指出星系在退行，宇宙在膨胀；而根据宇宙学原理，宇宙各点的地位均相等，没有特殊的点。因而这种退行或膨胀在宇宙间的任意点都观察得到。这样一来，哈勃定律加上宇宙学原理马上就可以得出宇宙在膨胀的结论。而这种膨胀是整体的膨胀，即宇宙间的每一点都在膨胀，并不是以某点为中心的膨胀。让我们用一个 2 维的例子来说明这样的膨胀：一个小孩在吹气球，气球上画了一个动画人物（孙悟空或米老鼠），当气球吹大时，这个人物的每一处都在扩大，而并不是以某一点（如肚脐眼）为中心的扩大。从图中我们看出气球上画的曲线在扩大，每一点都在扩大，并不是以某点为中心的扩大。

宇宙膨胀的 2 维说明

历史上地心说也好，日心说也好，都是说宇宙有一个中心，这个中心要么是地球，要么是太阳。现在有了宇宙学原理，这些争论显得就不那么重要了，无非是一个坐标原点的选择不同而已。不过选择恰当的坐标原点也是非常重要的，这样会使讨论问题变得简单明了。就太阳系来讲，选择以太阳为原点的坐标系无疑是正确的，这样能够极大地简单问题；如果把坐标原点选择地球上，会在数学上带来极大的麻烦。当然这只是从科学的意义上来说，如果有了宗教、政治等因素，那就不同了。

宇宙膨胀的发现是宇宙间的一件划时代的大事。由此带来了人类宇宙观的革命性改变，建立起了一个当今公认的宇宙标准模型——大爆炸模型。下面我们接着就来介绍这个宇宙大爆炸模型。

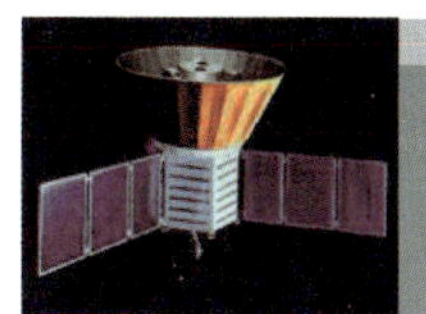

十、现代“创世纪”

不能理解的，居然被理解了

爱因斯坦有一句名言：“宇宙中最不能理解的是，它居然能被理解。”这句说得非常有道理，宇宙间有许多难以理解的事居然被理解了，最有代表性的可能就是宇宙大爆炸理论了。尽管它难以理解、难于接受，却仍然成为宇宙的标准模型。由于这个模型与黑洞有着千丝万缕的关系，本部分准备先对它作些介绍。然后再介绍一些，宇宙中到目前为止仍然是个谜的事情。

从上一部分的介绍，我们知道我们所处的宇宙正在日益膨胀，而且是整体膨胀，即每一点都在膨胀。膨胀意味着宇宙是在日益变大，今天比昨天大，明天比今天更大。一个非常直接的推论是，时间倒退回去宇宙在日益缩小：昨天比今天小，前天比昨天还要小。膨胀可以无穷无尽地进行下去，没有结束之日；而收缩则不然，收缩必定有结束之时：缩小到零就不能再收缩了。收缩的终点也就是时间的起点，宇宙在此时缩小成为一个点，一个密度无限大的点——奇点。于是有人据此就提出了宇宙大爆炸模型，说宇宙起源于这个密度无限大点的一次大爆炸，这就是现代版的“创世纪”。说真的，梵蒂冈天

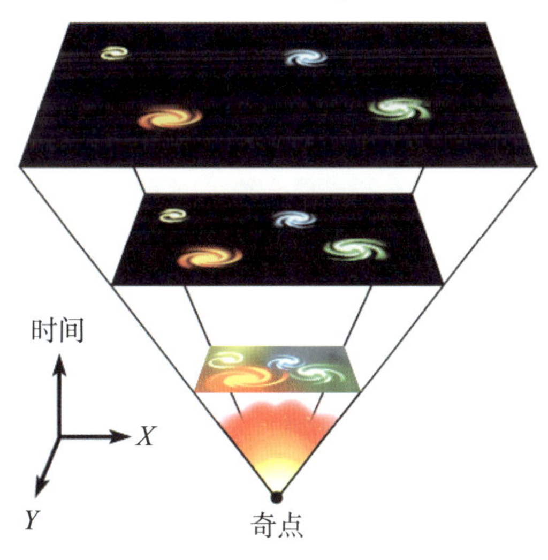

随着时间的倒退，宇宙在缩小

主教教廷倒已经承认了宇宙大爆炸模型，但基督教教会依然坚信《圣经》旧约的“创世纪”。从这一点讲，作为新教改革出现的基督教似乎比天主教更为保守了。

宇宙大爆炸模型认为，宇宙（包括物质以及时间、空间）开始于一个原始火球（点状物）的突然爆炸。这个爆炸过程极短，没有《圣经》创世纪中说的，神用六天时间创造出世界那么长。也不像我国古代盘古开天辟地传说描述的那样，混沌初开，每天天只上升一丈，地只增厚一丈，顶天立地的盘古氏增高一丈。大爆炸只有经历 10^{-43} 秒，也就是说是 1 秒的 1 后面加上 43 个 0 分之一。到 3 分钟时，我们的宇宙已经成为现在的样子了。美国物理学家，1978 年诺贝尔物理学奖得主史蒂芬·温伯格在 1973 年写了一本书：《最初三分钟》，描述大爆炸后三分钟的情况。这是一本这一领域的著名科普书籍，有兴趣的读者可以参阅该书。

比利时牧师的宇宙蛋

比利时牧师勒梅特（1894 ～ 1966）最早提出了宇宙大爆炸模型的雏形。1927 年他发表了一篇论文，求出了爱因斯坦引力场方程的一个严格解，并由此指出宇宙在膨胀，最初起源于一个“原始原子”的爆炸。由于这篇文章发表在《布鲁塞尔科学学会年鉴》上，该杂志的读者主要是在比利时，因而并没有造成多大影响。

1931 年，勒梅特在爱丁顿（就是 1918 年进行日食观测、证实广义相对论的那位英国天文学家）的帮助下将该文翻译成英文，爱丁顿对它还写了一篇很长的评论，于是宇宙膨胀和初始爆炸的思想很快在科学界引起了巨大的轰动。不过那时的爱因斯坦仍然拒不接受宇宙演化的思想，虽然没有反对勒梅特数学计算的结果，但反对他的宇宙在膨胀的想法。因此批评勒梅特说：“你的计算正确，但物理极差。”

勒梅特把他的这一想法称为：“宇宙蛋在创世时刻的爆炸”，并没有用“大爆炸”一词。现在被普遍用的“大爆炸”一词，倒是一位坚持宇宙稳恒模型的英国著名天文学家霍伊尔（1915 ～ 2001）首先使用的。

α–β–γ 理论

宇宙起源于一次大爆炸的想法，虽然是勒梅特首先有的，但真正使之具体化的是上面提到过弗里德曼的学生伽莫夫（1904 ～ 1968）。名师出高徒，伽莫夫也是一位苏联的著名物理学家和天文学家。由于感到在当时的制度下，自己富于想象力的天性不能充分发挥，1933 年乘出席在比利时布鲁塞尔召开的国际会议之机逃离了苏联，1941 年移居美国。

移居美国后，伽莫夫与他人一起，将相对论引入宇宙学，提出了热大爆炸宇宙学模型。热大爆炸宇宙学模型认为，宇宙最初开始于高温高密的原始物质，温度超过几十亿度。随着宇宙膨胀，温度逐渐下降，直到现在还有些温度残留在宇宙空间里，约为绝对温度几十度。在宇宙的冷却过程中，逐渐形成了原子、分子，以至于恒星、星系等天体。伽莫夫指派他的学生阿尔菲研究大爆炸宇宙模型中元素合成的情况，在阿尔菲 1948 年提交博士论文时，伽莫夫说服同事汉斯・贝特在论文上署名，同时又把自己的名字署在最后。这份标志宇宙大爆炸模型的论文就以阿尔弗、贝特、伽莫夫三人的名义，在 1948 年 4 月 1 日愚人节那天发表。这三个人名字的谐音恰好组成头三个希腊字母 α 、β 、γ，所以大爆炸宇宙模型亦称为 α－β－γ 理论。

“看到了上帝的脸”

伽莫夫等人提出的 α－β－γ 理论，由于在当时并没有任何的实验迹象，所以未被科学界重视，反而招来了一些批评和嘲笑。如英国著名天文学家霍伊尔 1949 年在 BBC 的一次广播中说，宇宙居然起源于一次“大爆炸（big bang）”？他想用这个词来嘲笑伽莫夫的理论。因为在他看来，这个理论中，最初的“奇点”难以令人接受。

十多年后，情况发生了戏剧性的转变。

1964 年，位于美国新泽西州霍姆德尔小镇的贝尔实验室的两位无线电工程师彭齐亚斯和威尔逊正在试制一种新型天线。20 世纪 60 年代正值航天技术迅猛发展之际，自 1957 年开始美、苏等国竞相发射了多颗人

造卫星，为了提高与人造卫星的通信质量，他们两人设计、制造了一种喇叭状天线。通常的天线，如电视天线、广播天线等，都是要全方位地发射电磁波，而且覆盖面愈广愈好，这样能让四面八方更多的人收看到电视或收听到广播。但彭齐亚斯和威尔逊的新天线与人造卫星通信用的不同，它们只需在特定的（人造卫星）方向发射与接收，要求方向性好，所以制成了喇叭状。为了测量这种天线的本底噪声，他们把天线对准了天空中没有任何星光的空间。

为了确定这种天线的灵敏度和精确性，需要测定它的本底噪声。通信上把所有不需要的信号统统叫作“噪声”，并用温度来量度：温度愈高，噪声愈大。本底噪声则是指那种天线本身固有的噪声。为了测定本底噪声，就需要找一个没有任何星体的区域作为测定的方位。为此他们把天线对准了天空中没有星光的区域，不想非常意外地接收到了一种波长为 7. 3 厘米、相当于 6. 5K 噪声 (噪声的单位为 K) 的电磁辐射。他们进一步还发现，这种辐射在整个天空都存在且与方向无关，是一种来自宇宙空间的背景辐射。照例说，天空中没有任何星体的区域，就是没有任何信号的区域，怎么会测量到了信号呢？开始他们认为是纽约市的光污染造

喇叭状天线，图中站立的两人是彭齐亚斯和威尔逊

成的误差，后经证明不是。接着又在喇叭状天线内发现了鸽子的粪便，他们认为噪声是由此引起的，为了雅致起见他们称之为白色介质的污染。但是彻底清除了白色介质后，噪声依然存在。经过多次改进和提高精度，最终还是有 3. 5K 左右的噪声消除不了。

在一次他们与麻省理工学院（MIT）的一位同行打电话联系其他事情时，对方顺便问起了他们天线的噪声问题。这位教授告诉他们，在离他们只有几千米的普林斯顿大学里，有几位教授在研究宇宙学理论，在他们的研究中可能就需要有这样的温度。因为不是他的研究领域，详细情况不清楚，建议他们直接去普林斯顿大学联系。于是他们找到了普林斯顿大学物理系正在进行宇宙学研究的迪克（1914 ～ 1997）和皮布尔斯两位教授。

迪克是一位资深的天体物理学家，对爱因斯坦的广义相对论有深入的研究和发展。迪克和皮布尔斯构造的宇宙学模型与伽莫夫的相类似，但据说他们事先并不知道伽莫夫的工作。该模型认为宇宙起源于一次高温的热爆炸，之后温度逐渐下降，到现在还有温度残留在整个宇宙间。根据计算表明，现在宇宙空间中应该还有 10 开左右的残留温度。由于这种温度在宇宙的所有区域都存在，而且这种辐射的波长位于微波波段中，所以叫作宇宙微波背景辐射，简称为 CMB。

彭齐亚斯和威尔逊带来的信息使得双方都极为兴奋，于是各自撰写文章发表在当年同一期的美国著名学术刊物《物理评论快报》上。彭齐亚斯和威尔逊的文章《在 4080 兆赫上额外天线温度的测量》只是谈他们的测量结果，没有涉及宇宙学模型；而迪克和皮布尔斯的文章《宇宙黑体辐射》也只是介绍他们的模型，没有与彭齐亚斯和威尔逊的发现相联系。足见他们对待学术问题的认真态度。

宇宙微波背景辐射的发现在近代天文学上具有划时代里程碑的意义，它给了宇宙大爆炸模型一个有力的证据，因而与类星体、脉冲星、星际有机分子一起并称为 20 世纪 60 年代天文学的“四大发现”。彭齐亚斯和威尔逊也因此荣获了 1978 年的诺贝尔物理学奖。事实上迪克等人不仅在理论上计算出了宇宙微波背景辐射的存在，他们也正在设计实验以检

测此种温度。只不过被无心插柳的彭齐亚斯和威尔逊捷足先登，拔得了头筹。

彭齐亚斯和威尔逊之后，许多人用各种改进的方法，在各个波段上更精确地测量宇宙微波背景辐射。现在公认的微波背景辐射温度为 2.7 开，或简称为 3 开背景辐射。图中所示的是 20 世纪 80 ～ 90 年代美国航天局使用宇宙背景探测者卫星（COBE）测得的精确的宇宙微波背景辐射图和 COBE 卫星。图上的颜色深浅表示不同的温度。要注意，颜色深浅不同表示的差别只有不到千分之一，所以从整个宇宙空间来说，宇宙微波背景辐射的温度仍然是均匀的。

COBE 卫星

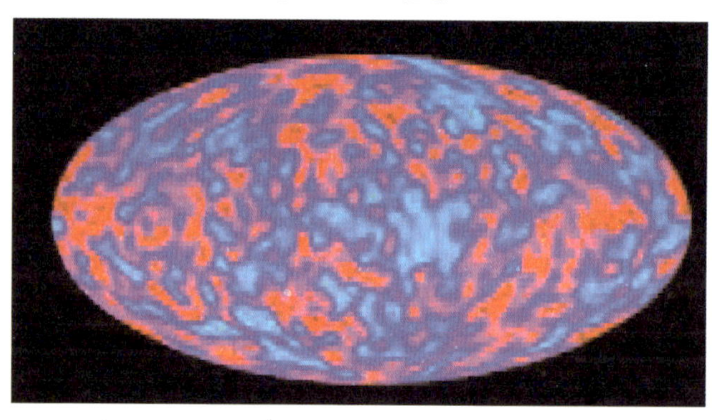

COBE 卫星测绘的宇宙微波背景辐射图

不过这微小的差别也是非常重要的，没有这些差别就不会形成星系、恒星等天体，宇宙也就不是现在的样子了。所以测量宇宙微波背景辐射的各向异性是一项非常重要的工作。下面的图所示的分别是 2003 年威尔金森微波各向异性探测器（WMAP）所测得的宇宙微波背景辐射图和 2009 年由欧洲空间局（ESA）发射的普朗克卫星（亦称普朗克巡天者）测量结果绘制的宇宙微波背景辐射图。可以看出这两幅图与（COBE 探测的）宇宙微波背景辐射图非常类似，不过精确

WMAP 探测器

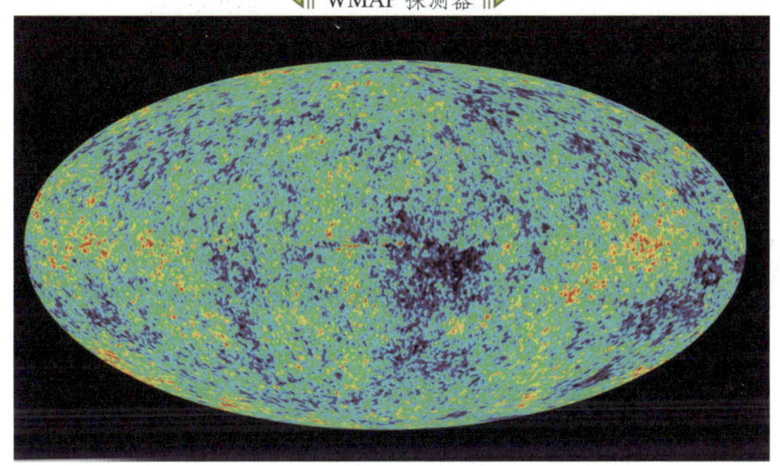

WMAP 探测器测绘的宇宙微波背景辐射图

度更高了。而且威尔金森微波各向异性探测器测量的与普朗克巡天者探测的结果更是符合得非常好。正因为有了这细微的差别，才会在大爆炸之后形成星系、恒星等各种天体，形成了现在这个样子的宇宙。

微波背景辐射的高度各向同性特征强烈地支持了宇宙学原理和宇宙大爆炸模型；而 COBE 卫星、威尔金森微波各向异性探测器和普朗克巡天者所发现的各向同性背景上微小各向异性为人们揭示了今天宇宙大尺度结构（星系、恒星的形成）的起源。微波背景辐射实际上是人们所能

普朗克巡天者

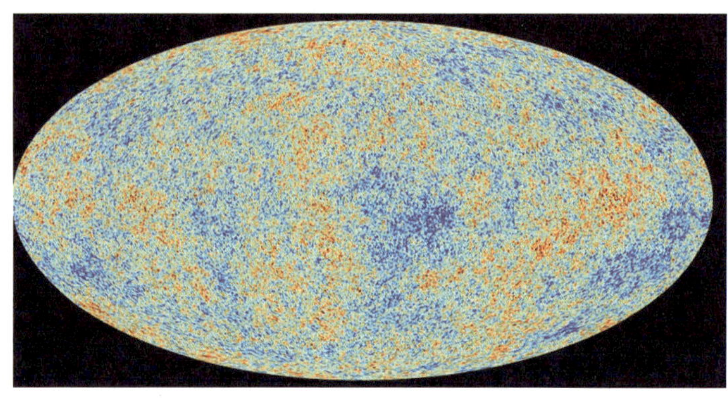

普朗克巡天者测绘的宇宙微波背景辐射图

直接观察到的宇宙最远，也就是最早的情况。所以霍金称它为“即使不是有史以来最伟大的发现，它也是20世纪最伟大的发现。”负责COBE项目的美国科学家马瑟和斯莫特因“宇宙微波背景辐射的黑体形式和各向异性”方面的贡献而获得了2006年的诺贝尔物理学奖。两名获奖者之一的斯莫特，更是形象地把这个成就比作“看到了上帝的脸”。

第三根支柱

哈勃红移、宇宙微波背景辐射是验证宇宙大爆炸模型的两根坚强支柱，除此之外还有第三个支持这个模型的事实，这就是所谓的宇宙间的元素成分问题。

我们知道世间万物都由92种元素构成，而地壳组成中含量最多的元素是氧，要占总量的差不多一半。其后依次分别为硅、铝、铁、钙、镁等，这些都是所谓的重元素或较重的元素。如果以此想当然地认为宇宙间的物质也是由这些重元素构成，那就大谬不然了。宇宙中物质的主要存在形式是氢和氦，氢占 75%，氦占 24%。这两种元素几乎占了宇宙物质的 99%。宇宙学中把各种元素所占的比例叫作丰度：氢的丰度为 0.75，氦为 0.24。不过需要说明的是，这里是指看得到、观察得到的物质，而这些只占全部宇宙物质的 4% ～ 5%，还有 95% 的物质是看不到的，有关这部分看不见的物质我们将在后面介绍。

根据宇宙大爆炸模型科学家们可以推算出宇宙间各种元素的丰度。大爆炸后的百万分之一秒时，由夸克等更为基本的粒子结合成了质子、中子等核子。到百分之一秒后时，由于温度进一步降低，质子、中子等核子就不会再产生了。中子的质量比质子的稍大一些，中子会衰变为质子，中子的数目就逐渐减少，质子则逐渐增多。1 秒后，温度降至 10 亿度，中子不会再衰变为质子了。它们的数目就固定了，由统计物理理论可以估算出质子与中子之比为 7∶1。根据这个数字，就可以算出宇宙间氢和氦之比为 4∶3。质子与中子之比为 7∶1，就是说有 7 个质子才有 1 个中子。氢原子核中只有 1 个质子；氦原子核中有 2 个质子和 2 个中子。就是说要组成 1 个氦原子核必须要有 16 个核子（2 个中子，14 个质子）。其中的 2 个质子和 2 个中子组成氦原子核，余下的 12 个质子组成 12 个氢原子核，所以氢与氦之比为 12∶4=3∶1。这与氢的丰度为 0.75，氦的丰度 0.24 符合得很好，因此可以说宇宙间轻元素的丰度是对宇宙大爆炸模型的又一个有力支持。

之后质子、中子和电子进一步结合成原子：1 个质子加上周围的 1 个电子组成了氢原子；1 个质子和 1 个中子加上周围的 1 个电子组成了氢的同位素——氘原子。然后两个氘原子发生热核反应（聚变），释放出大量的能量（这就是太阳能的来源）后结合成了氦原子。所以氢和氦占了可见宇宙物质的绝大部分。接下来氦再发生聚变反应结合成了锂、铍、硼等轻元素，再由这些轻元素进一步聚变结合成更重的元素。

1964 年，霍伊尔和泰勒根据宇宙大爆炸模型详细计算表明，氦元素的丰度在 0.23 ～ 0.25。后来又有人根据大爆炸宇宙模型计算了其他轻元素的丰度。下面的图中显示的是宇宙间几种轻元素：He、^{3}He、D 和 ^{7}Li 的丰度，纵坐标表示元素的丰度，横坐标是元素的密度。这些由宇宙大

爆炸模型计算出的数据均与天文观测值相符，因此可以将此作为支持大爆炸宇宙模型的第三个强有力的证据。有了这三个有力的证据，宇宙大爆炸模型就被广泛地接受了。

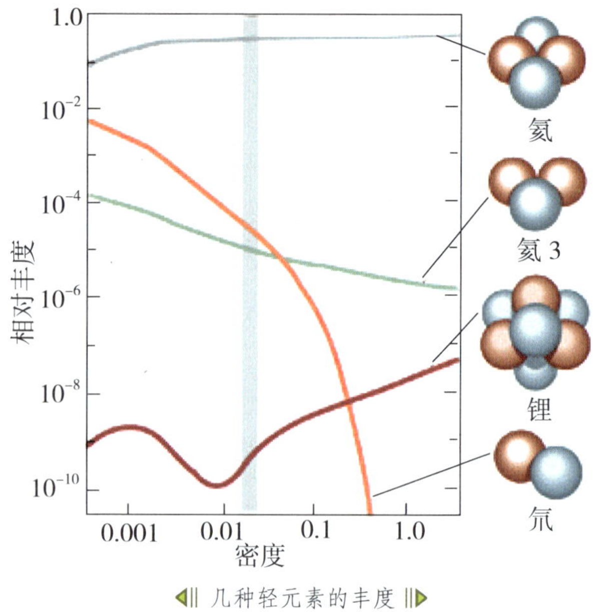

几种轻元素的丰度

宇宙的热历史

从比利时牧师勒梅特提出宇宙蛋的爆炸开始，经过伽莫夫、彭齐亚斯和威尔逊、迪克以及皮布尔斯、马瑟和斯莫特等人的探索，时至今日宇宙大爆炸模型已被视为宇宙演化的标准模型。后面图中所示的宇宙演化史，横向是时间发展的方向：最左边的白色区域表示大爆炸的起始和紧接着的暴胀时期；随后的浅灰色区域就是那幅被誉为上帝脸的宇宙微波背景辐射；其后一段空无一物的区域是所谓的黑暗时代；紧接着是 4 亿年后第一颗恒星出现；再后面的一大段布满种种图形的区域是星系、行星等天体的相继形成、发展的时期，一直延续到现在，即所谓今日宇宙。从大爆炸开始到今日宇宙，一共历时 137 亿年，这就是所谓的宇宙年龄。图上这个钟状体的直径表示宇宙的大小，可以看出从最左的是一点，此时宇宙没有大小，是一个奇点，之后一直在膨胀。紧接着的暴胀时期，膨胀得最为迅速，宇宙一下子扩大了不知多少倍，基本上达到与今日宇

宇宙的演化示意图

宙大小差不多的尺度，现在观测到的宇宙微波背景辐射就是那个时期遗留下来的。之后的膨胀就平坦得多，基本上是线性的，这与哈勃定律相符合。最右边的喇叭状表明宇宙的加速膨胀，这是当今宇宙学中最大的一个问题。此图形象地说明了宇宙演化的热历史。

大爆炸时间虽然极短，黑暗时期看来空无一物，但实际内容极为丰富，细分起来大致有如下几个阶段：

普朗克时期

宇宙起源于一个尺度为零的点，但这个点的温度和密度均为无限大，所以它是一个奇点。宇宙，也就是时间和空间，就从这个奇点的一次大爆炸开始。在大爆炸后的一个非常短的时间内（$< 10^{-43}$ 秒），自然界的四种相互作用力：引力、电磁力、弱力和强力，在那时是完全统一的，所以叫作量子引力时期或普朗克时期。在这段时间里，温度高达 10^{32} 开。这时宇宙中没有任何粒子，只有时间、空间和真空场。

大统一时期

大爆炸后的 10^{-43} ～ 10^{-36} 秒，叫作大统一时期。此时温度降低到 10^{28} 开，自然界四种相互作用力中的三种力：电磁力、弱力和强力，仍然统一在一起，这叫作大统一，但引力已经分离出去。

暴胀时期

大爆炸后的 10^{-35} ～ 10^{-33} 秒，叫暴胀时期。到 10^{-35} 秒时，温度降至 10^{28} 开，此时，宇宙莫名其妙地一下子扩大了 e^{70} 倍。这里的 e 是自然对数的底数，它是一个无限不循环小数，值为 2. 71828…。e^{70} 倍就是把 e 连乘 70 次。学过对数的同学可以通过查对数表，计算出它的数值，那肯定得到一个比天文数字还要大得多的数。或者你用计算器来计算，那一定还没连乘到 70 次时，计算出数字的位数就溢出你的计算器的位数了。大家可能会问：宇宙在如此之短的时间里扩大了这么多倍，它扩张的速度一定比光速快得多，那岂不是违背了相对论了吗？这确实是个问题，还是一个非常著名的问题，叫“视界问题”。至于“视界”是什么？“视界问题”又是什么？将在后面介绍黑洞的视界时再来解释。

强子时代

大爆炸后演化到 10^{-12} 秒时，温度降到 10^{16} 开。弱力和电磁力分离，宇宙在此期间很少活动，是所谓的“大沙漠”时期。到 10^{-6} 秒时，温度降至 10^{13} 开。由于温度(即能量)的下降，夸克可以结合成质子、中子等强子了，故叫作强子时代。此时，重子的不对称产生，即物质粒子数是反物质粒子数的 10 亿倍。

轻子时代

大爆炸后 10^{-2} 秒时，温度降至 10^{11} 开。此时粒子的热运动能量远低于重子的静能量，所以重子停止产生了。原有的短寿命重子都衰变掉了，只有质子、中子留了下来。中子的质量比质子的稍大一些，中子会衰变为质子，中子的数目就逐渐减少，质子则逐渐增多。此时宇宙中的主要成分是质子、中子、光子、正负电子和中微子。

中微子退耦时代

大爆炸发生 1 秒后，温度降至 10^{10} 开以下。此时的能量已小到正反

中微子和正负电子之间的相互转换的反应已不能进行，这叫作中微子退耦。中微子退耦后，中子不会再衰变为质子了。因此质子和中子的数目就固定了。

核合成时代

大爆炸发生 3 分钟后，温度降至 10^6 开以下。质子和中子可以结合成氘核，氘核又进一步结合成氦核。大爆炸发生 30 分钟时，宇宙间各粒子的丰度就保持不变。

光子退耦时代

大爆炸半小时后，宇宙中留下了大量的光子，当时的宇宙是光子的海洋，而且光子的能量非常高。这些高能光子可以与原子相互作用，但随着宇宙的膨胀，光子的能量不断减少，约 40 万年后，这些高能光子变成了低能光子，不再与原子相互作用，这是所谓的光子退耦。此时，光子在宇宙间能够畅通无阻了，因而宇宙就透明了，黑暗时期结束了。

今日宇宙

此时有些像创世纪开头所说的：“神说要有光，就有了光。”

星系和恒星是在 10 亿年左右开始产生的。90 亿年左右我们的银河系和太阳系才产生。

宇宙演化至今，才形成今日的宇宙。今日宇宙的年龄可利用哈勃定律来确定。实际上哈勃定律中哈勃常数 H 的倒数就是宇宙年龄。现在一般认为的宇宙年龄为 137 亿年。

暗物质

当新千年到来的前夕，1999 年李政道教授指出，在即将结束的 20 世纪中尚有四大问题没有解决，这些问题可能会像 19 世纪末的“两朵乌云”那样，在新世纪导致物理学的一场革命。这四个问题是：

类星体

这是 20 世纪 60 年代天文学四大发现之一。类星体是一类完全新型的致密天体，距离地球约 50 亿光年。它的红移极大（退行速度达 1/3 光速），光度极大。类星体的这些特性，很难用现有理论解释。

对称缺失

即前面提到的物质粒子数是反物质粒子数的10亿倍。

未看到的夸克

尽管基于夸克模型的标准模型取得了巨大的成果，夸克模型所作的众多预言也为实验所证实，但单个夸克至今尚未发现。

暗物质

宇宙间约95%的物质是看不见的！

由于篇幅关系我们不讨论前三个问题，只对最后一个问题来进行介绍。

地球、太阳和所有我们看得见的星云都是由电子、质子、中子构成的，其中也有极少数的反物质：正电子、反质子等。可是我们看得见的这类物质（包括反物质），在宇宙中仅仅占所有物质的5%还不到。宇宙中的大多数物质是看不见的，也不知道为何物。暗物质对我们可以测量的力，如电磁力、强力和弱力等，均不起任何作用，只与引力有作用。我们是通过引力才知道有这类暗物质存在。可是，对暗物质的其他性质，则完全一无所知！

暗物质最先是由一位在美国工作的瑞士天文学家兹维基（1898～1974）于1933年提出的。他发现在星系团中运动的星系，速度相当快，要比由引力定律算出的高出许多。由此他认为这星系团中还存在一些看不到的物质。这是第一次提供了暗物质存在的证据，是指在星系团中有暗物质存在。

到20世纪60年代末、70年代初，美国的一位年轻女天文学家罗宾又在旋涡星系中发现了暗物质存在的证据。旋涡星系中的天体绕星系中心旋转的速度叫旋转速度 v_{rot}，可以根据万有引力定律来计算 v_{rot}。如果旋涡星系中的物质，只有那些我们看得到的天体而没有其他物质，那么 v_{rot} 是将随着离开中心的距离 r 的增加而减小。但观测数据显示 v_{rot} 近似为一常数，与理论计算明显不符。从中学物理知道刚性的圆盘的旋转速度 v_{rot} 是与离开圆盘中心的距离 r 成正比的。现在 v_{rot} 既不是随 r 的增加而减小；又不随r的减小而增加，这表明星系中的物质分布介于上述两种情况之间。

也就是说在旋涡星系中，除可视星体外，还有看不见的物质存在。这是星系中存在暗物质的一个明证。

还可以通过引力透镜效应来寻找宇宙间的暗物质。引力透镜效应是根据光通过引力场会发生弯曲而预言的一种现象。根据广义相对论，遥远的天体发出的光在星系、星系团及黑洞等天体的附近经过时，光线会发生弯曲，就像光线通过透镜时一样，爱因斯坦就把这种现象称作引力透镜效应。下图是对引力透镜效应成因的说明：图的左下方是观察者所在的位置（地球）；中间是由其引力场产生引力透镜效应的天体（前端天体），如星系、星系团及黑洞等；右上方是发射光的遥远恒星（背景光源）的真实位置。指向地球有弯曲的箭头表示的是背景天体发射出的光的实际途径；指向地球的直箭头指示的是我们"看到"的背景光源的位置。

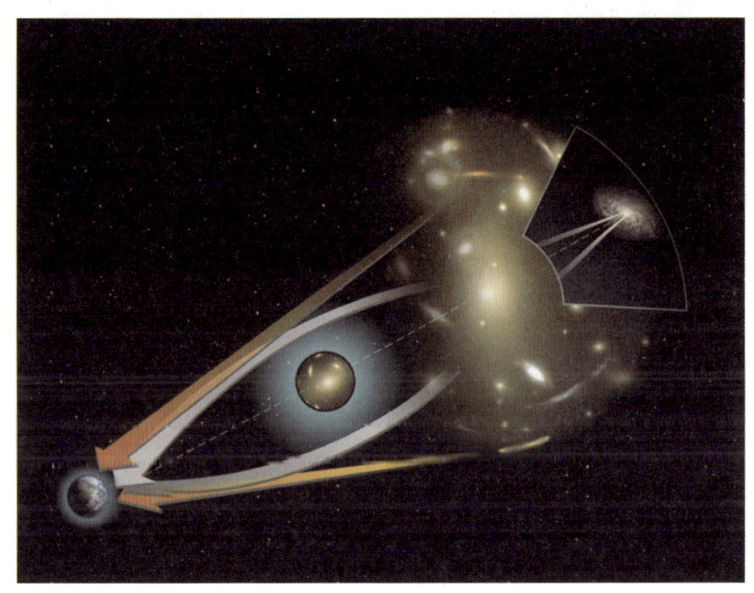

引力透镜效应的成因

由于光线弯曲的程度取决于天体引力场的强弱，所以可以根据背景光源被"扭曲"的程度，反推出前置天体的性质来。1993 年，天文学家利用引力透镜效应观测到银河系中存在暗物质。20 世纪末到 21 世纪初，拍摄到了不少由引力透镜效应显示暗物质存在的照片，暗物质几乎遍及整个宇宙。

下图显示的是根据哈勃太空望远镜、欧洲南方天文台在智利建造的大型光学望远镜、钱德拉X射线望远镜的观测结果，结合而成的一张显示暗物质存在的照片。照片中明亮的光斑是星系等看得见的天体，它们只占总质量的5%左右；灰色的是星系之间的物质，它们只能被X射线望远镜观测到；黑色部分表示暗物质，它们是通过引力透镜效应推算出来的。

引力透镜效应显示暗物质存在

诺贝尔物理学奖得主丁肇中教授经过多年的努力，发现了暗物质存在的证据。2013年4月3日，丁肇中在日内瓦向全世界第一次公布了阿尔法磁谱仪的实验数据结果。阿尔法磁谱仪是他用来探测暗物质的一个实验装置。1994年7.5吨重的阿尔法磁谱仪被送到距离地球将近400千米的国际空间站，在那里运行了18年，收集到3000亿个数据，探测到了40万个正电子。丁肇中说："正电子来源于暗物质，可是没有完全的证据。"这是一位实验物理学家说的实话，只说实验事实，不讲推论，就像彭齐亚斯和威尔逊发表文章只谈4K的噪声而不提大爆炸一样。

时至今日，暗物质的存在已为大家公认。那么，暗物质是些什么东西呢？这个问题至今尚未完全解决。暗物质可以分为重子暗物质和非重

子暗物质两大类。重子暗物质包括黑洞、中子星、衰老的白矮星、褐矮星（如木星）等，这类物质只占暗物质的一小部分。非重子暗物质又分热暗物质、温暗物质和冷暗物质三类。热暗物质是接近光速运动的物质，主要是有质量的中微子；温暗物质是那些能够产生相对论效应的物质；而冷暗物质则是以经典速度运动的物质，冷暗物质种类繁多，不能在此一一介绍。现在比较一致认同的是由大部分冷暗物质加上小部分热暗物质的混合暗物质。

更难理解的"东西"——暗能量

暗物质虽然神秘，但还是已经理出了头绪。宇宙间还有比它更为不可思议的"东西"，这种"东西"甚至连个确切的名称都还没有。严格讲根本不能称它为"东西"，因为"东西"还是物质，而它连物质都不是。外国人替它起了个名字："暗能量"，其实它也不是通常意义上的能量。不过有个名字总比没有名字要好些，姑且就叫作暗能量吧！

暗能量还是最近出现的新事物，1998 年天文学家发现我们的宇宙正在加速膨胀，这是现在已有的所有理论无法解释的。因为主宰宇宙的力是万有引力，而这种力是没有斥力的。我们从牛顿第二定律知道，要有加速度必须要有力，宇宙间没有斥力，怎么能加速膨胀呢？于是物理学家们就认为有一种"能量"充斥宇宙间，由于有了这种"能量"，宇宙就可以加速膨胀了。但是这种"能量"并不是通常意义下的能量，所以给了它一个"暗能量"的名称。

由于宇宙的加速膨胀是整体的加速膨胀，就是说在宇宙的所有地方都在加速膨胀，所以暗能量遍布全部宇宙空间。而且根据加速膨胀的程度，估算出这种暗能量非常稀薄。由于暗能量到处存在又非常稀薄的特性，物理学家们马上想到了爱因斯坦的宇宙常数 Λ。因为爱因斯坦的宇宙常数 Λ 在物理上等价于真空能量，所以它是一个暗能量的最自然的候选者。这样一来将近一个世纪前，引入宇宙常数 Λ 被认为是爱因斯坦毕生最大的错误，现在看来非但不是错误，而且是他先知先觉的预言。不过不要高兴得太早，宇宙常数 Λ 看起来好像是暗能量的最好候选者，其实不然，

其中仍然有巨大的问题存在，所以它只是一个候选者。要使宇宙常数 Λ 真正成为暗能量，还必须解决许多问题，还有漫长的路要走。

暗能量是当前宇宙学中的最为热门的热点问题，物理学家们提出来许许多多的假设，指出了许许多多的暗能量的候选者。科学家们可以将它们大致分成两大类，一类就是上面提到的宇宙常数；另一类是一个能量密度随时空变化的动力学场，称作标量场或第五元素和模空间等。单单从这些名字就可看出这些“东西”绝非寻常，它们大大地超出本书的范围，不能在此加以介绍了。

不过有一个结论现在大家普遍接受，即在我们的宇宙中，有96%的“东西”是看不见的，所以把它们称作宇宙的黑暗部分或隐蔽部分。74%是暗能量，22%是暗物质。只有4%才是我们看得到的宇宙物质，其中的大部分又是星际气体，只有0.4%才是以星体形式存在的物质。

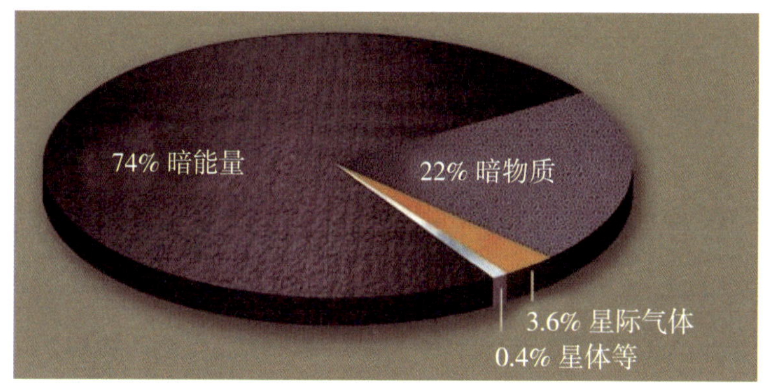

宇宙的成分

至此我们已经把现代的“创世纪”极其简单地介绍了一下，只是想给大家有一个初步印象。如果需要进一步了解这方面的内容，只能去参考有关的书籍了。

有了上面的这些预备知识，就可以回过头来再谈谈黑洞了。

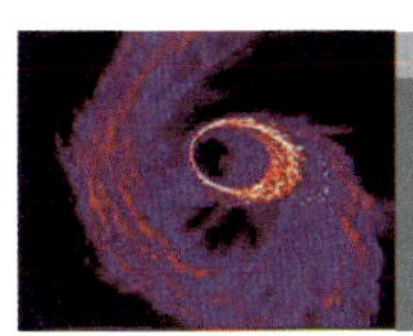

十一、再谈黑洞

一根藤上结出的两个歪瓜

爱因斯坦在 1950 年曾经感慨地问道："没有引力的物理会是什么样子的呢！"说真的，现在简直无法想象没有引力的物理学。牛顿发现了万有引力定律，理清了天体运动的规律。万有引力定律在弱引力情况下非常有效，除了水星的近日点外，处理太阳系内的问题绰绰有余。但要去处理更大范围宇宙中的问题时，它就捉襟见肘，甚至无能为力了。这就导致爱因斯坦建立了广义相对论，用广义相对论的引力场理论来替代牛顿的引力理论。

前面我们已经提到，在爱因斯坦发表他的广义相对论引力理论后一个月，史瓦西就求出爱因斯坦方程的第一个解。在这个球对称的解中有两个奇点，一个在中心（r=0）处，另一个在史瓦西半径（r=r_s）处。后经钱德拉塞卡、奥本海默、惠勒和霍金等人的不懈努力，建立起了黑洞理论，黑洞来源于这个奇点。

1927 年比利时牧师勒梅特也得到了爱因斯坦引力场方程的一个精确解，无独有偶，在这个解中，也有一个奇点。勒梅特开始叫它"宇宙蛋"，后来改称"原始原子"，并说宇宙就起源于这个"宇宙蛋"或"原始原子"的一次莫名其妙的大爆炸。经过哈勃、伽莫夫、彭齐亚斯和威尔逊、迪克和皮布尔斯等人的重要发现和精心研究，建立起了当今宇宙学的标准模型——宇宙大爆炸模型。大爆炸也是开始于一个奇点：在时间的零点，整个宇宙被压缩在一个体积为零的空间里。

爱因斯坦引力理论是现代宇宙模型的基础，可是就在这棵藤上，却结出了两个歪瓜——宇宙大爆炸模型和黑洞。将它们称之为歪瓜，是因为它们都是爱因斯坦引力场方程中的奇点。奇点就是在那里会出现无限

大的点，在数学上奇点本身就是不应出现的，而在这里却成了主要的根据。或许爱因斯坦的一句名言说明了此中的渊源："宇宙中最不能理解的是，它居然能被理解。"

这里出现的奇点是一类体积无限小、密度无限大的点，因而在那里引力也会无限大，时空曲率也无限大，所以这样的奇点被称为引力奇点或时空奇点。可以根据是否被视界包围而将这类奇点分为裸奇点和曲率奇点，不被视界包围的奇点叫裸奇点。根据广义相对论，在大爆炸发生以前，宇宙的初始状态为一奇点，这个奇点的外围没有视界，所以它是一个裸奇点。另外，广义相对论亦预言一个质量大于 3 个太阳质量的恒星会因引力而坍缩，当它的半径缩小到小于史瓦西半径后就会形成一个黑洞。黑洞内有一个被事件视界包围的奇点，因为这种奇点是在视界之内的，所以不是裸奇点，而是一类曲率奇点。这里又引入了一个新名词——视界，那么视界又是什么呢？

视界之谜

视界的概念最初是芬克尔斯坦在 1959 年提出的，他指出黑洞的史瓦西面是一个"事件视界（event horizon）"。"视界"两字的中文意思很清楚，就是"看得到的边界"；而其英文原文为"horizon"，意为"地平线"，也含有"看得到的边界"的意思在内。黑洞的视界叫作"事件视界"，意为这是一个"看得到的边界"，越过了这个边界，到了黑洞里面我们就一无所知了。右图是一个旋转黑洞视界的示意图，图中的圆形球表示一个黑洞。球的球面就是视界，即

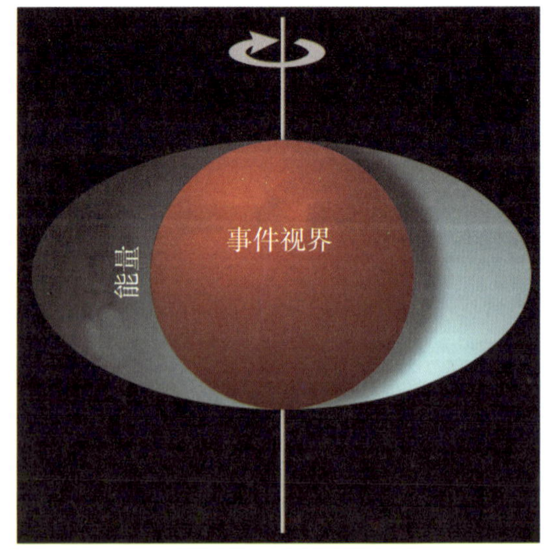

黑洞的视界

事件视界。外面的扁椭球，叫作“能层”或“坐标拖曳区”。能层只有在旋转黑洞中才出现，它表明由于旋转的关系会从黑洞的内部拖曳出一些能量（亦即质量）来，这部分能量就存在于这一区域内。

前面提到的奇点，与视界有着千丝万缕的联系。在史瓦西半径（$r=r_s$）处的奇点是一个所谓的“坐标奇点”，在广义相对论中，它是可以通过坐标变换消除的。实际上，芬克尔斯坦提出“视界”的概念，就是用他和别人一起发现的引力场中的一种叫作扭折的缺陷，来替代史瓦西半径处的奇点而提出的。

那么有了视界会不会由于其他的一些因素，如旋转、荷电等，而使奇点不再出现？毕竟奇点不论在数学上、还是物理学上都是一个不受欢迎的对象，能不出现最好。可是有一个彭罗斯—霍金奇点定理，定理是说如果广义相对论没有量子化，那么引力场方程中的奇点一定出现。所以视界的存在，帮不了忙，奇点照样出现。有了视界至少给奇点穿了一件衣服，那么裸露在宇宙之中的裸奇点是否就不会出现了？回答同样是否定的，不会不出现！视界只是给像黑洞这样的奇点穿了一件衣服，而对大爆炸起点那样的奇点完全不起作用，那仍然是裸奇点。

宇宙中有裸奇点存在，实在是一件不完美的事，会引起诸多麻烦。为此，那位彭罗斯又提出了一个“宇宙监督原理”。宇宙监督原理是说在宇宙中只会出现一个裸奇点，即大爆炸的起点，其他的裸奇点都会被宇宙的监督原理所消除掉。对此一说并不是所有人都接受的，反对的人不少。不过有这个原理，总比没有好，它能不让裸奇点出现。

有了视界的概念对黑洞就可以进一步较为详细地描述了。视界把黑洞分隔成了两个在截然不同的两部分：视界的内部和视界的外部。视界内部的任何信息都不能传递到视界的外边来。视界外部、靠近视界处的任何物质都会掉到视界的里边去，视界就像一个只能单面渗透的单向膜。

在宇宙学中还有一个视界叫粒子视界，粒子视界与事件视界不同，它是指可观察宇宙的边界。所谓可观察宇宙是指我们所能观察到的宇宙，它代表了现时能够观察到的宇宙事件的最大距离。此外还有什么可见视

界、柯西视界、动力学视界等，不过这些太过于专门了，不能在此多作介绍了。

霍金辐射

还有一个问题与视界直接有关，那就是霍金辐射问题，霍金辐射也称黑洞蒸发。前面也已经提到过，由于霍金辐射的出现保证了黑洞不会无限制地扩张，以致最终吞噬整个宇宙，不过对于为什么有霍金辐射的问题还未加细说。

这个问题可以从热力学或是从量子力学的角度来讨论。视界附近的任何物体，会由于黑洞的巨大引力而掉入视界的里面去，一到里面就永世不得翻身。为了不使自己掉入黑洞，那就必须加速向视界外面逃逸，于是加速向外逃逸的物体就成了一名加速运动的观察者。有一个盎鲁效应，是加拿大不列颠哥伦比亚大学的威廉·盎鲁教授在 1976 年预言的。盎鲁效应是说，一名加速运动的观察者可以观测到惯性参考系中观察者无法看到的黑体辐射。即加速运动的观察者会发现自己所处的背景中，

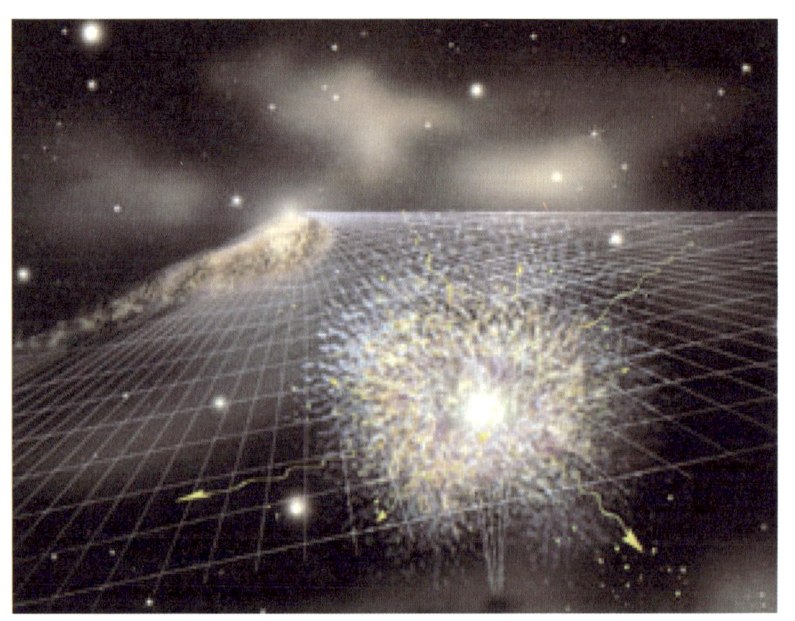

霍金辐射

会出现一个温度。有温度就会有所谓的黑体辐射，特别在黑洞的附近，因为黑洞是一个最为理想的黑体。这样一来在事件视界上，就会出现黑体辐射，也就是说有能量从黑洞内部辐射出来，这种辐射就是霍金辐射。

霍金辐射的温度和黑洞质量成反比，黑洞因为辐射而慢慢变小，温度就会变得越变越高，最后以爆炸而告终，这就是著名的“黑洞蒸发”理论。黑洞会辐射出光线与物质，这不是与黑洞的“只进不出”的个性相矛盾吗？当然如果不考虑量子理论，“黑洞蒸发”确实不可能发生。

我们在“量子魅影”部分曾介绍过，微观世界有一个诡异的性质，即所谓不确定性原理。不确定性原理是说微观粒子的坐标和动量（动量等于速度与质量的乘积）或时间与能量是不能够同时都测量正确的，也就是说在这一对物理量中一个测量正确了，另一个就一定测不准。这样的一对量，叫共轭量。共轭量中的一个测量误差大了，另一个就一定小，两者误差的乘积一定大于某一个常数，这个常数就是表征物体量子性的普朗克常数。这个性质是微观客体本身具有的，而与仪器的测量精度无关。因为普朗克常数是一个非常非常小的量，所以在宏观领域内，不确定性原理是完全不起作用的。不论一辆汽车、一列火车还是一架飞机，它们的坐标和动量、时间和能量都是可以精确测定的。

在微观领域内就必须考虑不确定性原理，因此在一个非常短的间隔内，其能量可以有很大的不确定性。只有时间充分地短，可以有非常大的不确定能量，这就是在黑洞的视界附近可以从真空中产生出一对正、反粒子的原理，也就是产生霍金辐射的原因。所以从本质上讲，霍金辐射是一个完完全全的量子效应。霍金是结合了量子理论、统计物理和引力理论才发现黑洞会有“蒸发”现象。

霍金辐射是20世纪70年代初，霍金与另一位对黑洞研究有巨大贡献的物理学家贝肯斯坦的争论中发展出来的。当时贝肯斯坦提出了黑洞的熵的假设，霍金反对这一假设，于是两人之间由此发生了一场激烈的争辩。不过真理会越辩越明，这场辩论不但使大家认识到黑洞熵的假设是正确的，从而确立了黑洞热力学理论；而且还使霍金发展出了“黑洞

蒸发”理论。提到了黑洞的熵，下面就让我们来讨论一下这个问题。

黑洞的熵

由于黑洞的引力非常之强，任何物体在它近旁经过都会被它吞噬进去。一旦掉入黑洞，任何物体就会丧失它原有的所有性质，只剩下质量、电荷和角动量这三根毛，这是由“黑洞无毛定律”决定的。我们从前面的讨论知道，任何物体都具有熵，而且根据热力学第二定律，熵在行进的过程中，总是增加的。现在物体掉入黑洞只剩下质量、电荷和角动量，很明显熵是在减少的。所以“黑洞无毛定律”和熵的概念、熵增原理是完全矛盾的。那么，在黑洞的情况下，熵的概念究竟还能不能用，热力学定律究竟还成立不成立呢?

20 世纪 60 年代末，惠勒给了黑洞明确而科学的定义后，迎来了黑洞研究的黄金时期。在此时期里，出现了两种明显对立观点：黑洞没有熵，宏观的热力学定律不适用于黑洞；与之相对立的是认为只稍作修改熵的概念，宏观的热力学定律照样适用于黑洞。持后一种观点的代表人物是惠勒的学生贝肯斯坦。

贝肯斯坦根据霍金提出的黑洞面积不会减少的理论，认为黑洞也有“熵”，黑洞的“熵”正比于黑洞面积。这是一个非常大胆、近乎疯狂的假设，而且与当时的主流黑洞理论格格不入，因此招来了大批的批评声。唯独他的导师支持他，支持的理由居然是他的疯狂！惠勒对贝肯斯坦说：“你的理论太疯狂了，所以它可能是对的。”

霍金大名鼎鼎，大家都知道他对发展黑洞理论的贡献。其实贝肯斯坦对黑洞的贡献也很大，为此他获得了 2012 年的沃尔夫物理学奖。贝肯斯坦 1947 年出生于墨西哥，现为以色列希伯来大学的理论物理学教授。1972 年在美国普林斯顿大学获博士学位，他的导师就是惠勒。“黑洞无毛定理”就是他在普林斯顿大学做惠勒的学生时提出的。有趣的是提出“黑洞无毛定理”的贝肯斯坦，又提出了与此相矛盾的黑洞熵的概念。霍金就是因此不赞成黑洞熵的概念的。可是没有想到在两人的争辩过程中，却发展出来一整套的黑洞热力学理论来。

既然黑洞面积相当于黑洞的熵，与熵有密切关系的是温度，那么什么物理量相当于黑洞的温度呢？霍金认为黑洞的表面引力就相当于黑洞的温度。有了黑洞的温度、熵这些概念，科学家们就可以建立起黑洞热力学理论来了。

在前面我们介绍了热力学有四大定律。热力学的第零定律是温度定律或测温定律，它是说在热平衡中温度是一个常数。在黑洞里这条定律就可以修改变成黑洞的表面引力是一个常数。热力学第一定律是能量守恒定律，在黑洞情况下仍然如此。热力学第二定律是熵增原理，黑洞的熵正比于黑洞的面积，黑洞的熵增原理就是说黑洞的面积只会增加不会减少。当其他物体掉入黑洞时，当然它的表面积会增加，这一条也是明显成立的。热力学第三定律是说，绝对零度只能无限接近而不能达到。黑洞的温度就是它的表面引力，温度不能达到绝对零度，就是指黑洞的表面引力只能无限减小，而不能为零。黑洞就这样被完完全全纳入了宏观的热力学体系中。正如前面所讲，热力学是放之宇宙而皆准的体系。

形形色色的黑洞

上面介绍了黑洞的一些属性，现在再来谈谈黑洞的种类。黑洞的种类繁多，根据不同的分类方法，可以分成不同的若干类。

根据黑洞的物理特性（“三根毛”）可将它们分成：史瓦西黑洞、克尔黑洞、克尔—纽曼黑洞和瑞斯纳—诺德斯特龙黑洞等。

史瓦西黑洞

史瓦西黑洞不带电荷、不旋转，故也叫静态黑洞。所有的史瓦西黑洞除质量外，没有任何差别，也就是说只有“一根毛”。它们的时空结构是史瓦西 1916 年推出的史瓦西度规，故称史瓦西黑洞。通常我们都是以这种黑洞作为对象讨论的。

克尔黑洞

克尔黑洞也叫旋转黑洞，这是一类旋转而不带电荷的黑洞，具有质

量和角动量两个物理量，所以是有“两根毛”的黑洞。它们的时空结构为克尔度规，是克尔1963年推出的，故称克尔黑洞。克尔黑洞的显著特征是在视界外边还有一个能层，这是由于黑洞的旋转，把黑洞内部的能量（质量）拖曳了出来，但不能远离黑洞，只能处在能层之中。

克尔—纽曼黑洞

克尔—纽曼黑洞是带电而不旋转的黑洞，具有质量和电荷两个物理量，也是一个有着“两根毛”的黑洞。它们的时空结构是纽曼1965年推出的克尔—纽曼度规，故称克尔—纽曼黑洞。

瑞斯纳—诺德斯特龙黑洞

瑞斯纳—诺德斯特龙黑洞是一类既带电荷又旋转的黑洞。它们有质量、电荷和角动量三个物理量，是唯一的带有“三根毛”的黑洞。其时空结构是瑞斯纳和诺德斯特龙在1916～1918年间推出的瑞斯纳—诺德斯特龙度规，故称瑞斯纳—诺德斯特龙黑洞。

除根据黑洞本身的物理特性进行分类外，根据黑洞的形成方式可将它们分成：原初黑洞和恒星黑洞。

原初黑洞

原初黑洞是指在大爆炸初始期形成的黑洞。在大爆炸的初期，可能由于密度的不均匀，加上巨大的引力就直接形成了黑洞，这样的黑洞叫原初黑洞。原初黑洞可以在宇宙间游弋，而且它们的质量都较小。根据霍金黑洞蒸发理论，越是质量小的黑洞蒸发越快，因此这些原初黑洞在大爆炸至今的漫长岁月里早已蒸发殆尽，发现不了了。故原初黑洞只是理论上推测存在的，并没有发现过。

恒星黑洞

恒星黑洞则与原初黑洞不同，它们是在恒星演化的晚期，由引力塌缩而形成的。恒星内部的核燃料即将耗尽时，热核能已经无法抵御巨大的引力，因而星体将激烈收缩。如果恒星的质量小于1.4倍太阳质量，就会塌缩成白矮星；质量在1.4到3倍太阳质量之间的会塌缩成中子星；而质量大于3倍太阳质量的将会塌缩成黑洞。这是我们在本书的前面讲

到的情况。黑洞一旦形成，就会从它的周边吸取其他物体，而使自己增大。

如果恒星黑洞的近旁正好有星体被它吞噬，那么它就会“发胖”；如果运气不好，没有星体供其吞噬，那么由于霍金辐射效应，它不仅不会“发胖”，反而会“瘦身”。这样一来，黑洞的大小就会有巨大的差异。

根据黑洞的大小，还可以把它们分为超大质量黑洞、中等质量黑洞和微黑洞等。

超大质量黑洞

这种黑洞，其质量是数十万倍至100亿倍的太阳质量。现在普遍认为，在所有的星系的核心处，包括银河系的银心处，都有超大质量黑洞存在。例如我们在前面介绍过的位于我们太阳系所在的银河系中心的人马座A，就是这样的一颗超大质量黑洞。

天文学家发现英仙座星系团小型星系 NGC 1277 中也包含着一个超大质量黑洞。NGC 1277 距离地球 2. 5 亿光年，处于它的中心处黑洞质量竟然达到太阳质量的 170 亿倍。占了整个星系质量的 59%。银河系中心的黑洞（人马座 A）的质量只有太阳质量的 400 万倍，比起 NGC 1277 的黑

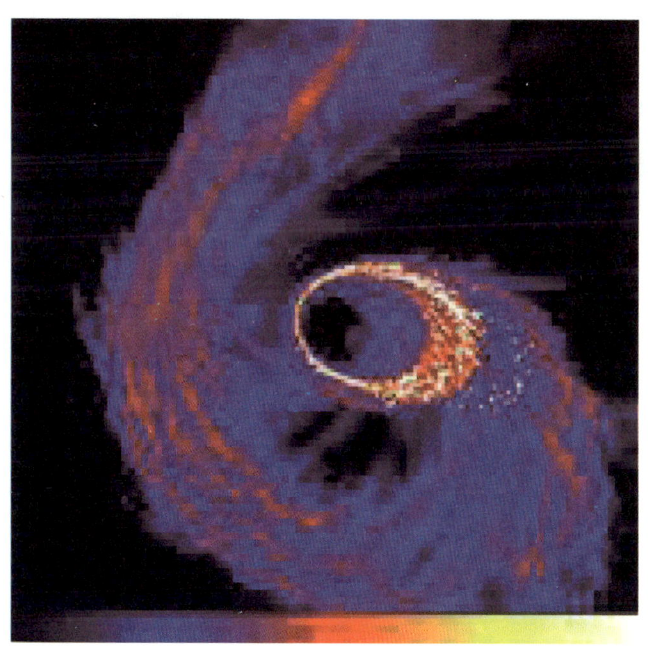

银河系中央的黑洞和在它的附近神秘地盘旋着的恒星

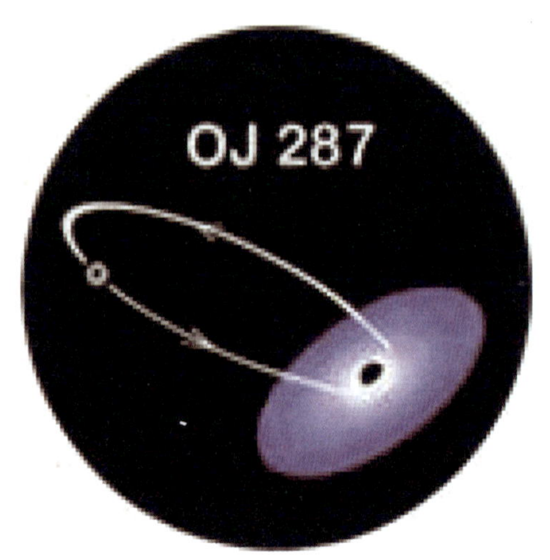

最大的黑洞 OJ 287 和它构成的黑洞双星系统

洞来，真是小巫见大巫了。

NGC 1277 是目前已发现的两个最大黑洞之一；另一个则是 OJ 287。OJ 287 是一个类星体，位于离我们约 35 亿光年的巨蟹座内。其质量竟达太阳的 180 亿倍，被认为是现在已发现的最大黑洞。颇为有趣的是，还有一颗质量是太阳质量 1 亿倍的黑洞在一个周期为 12 年、半径为 10 光周（即光在一星期中通过的距离）的轨道上环绕它运行，构成了一个奇特的黑洞双星系统。

中等质量黑洞

估计它们是由质量较小黑洞合并形成，最后则可能变成超大质量黑洞或蒸发殆尽。最为著名，也是最为可靠的黑洞候选者——天鹅座 X-1，就是一颗中等质量黑洞。

微黑洞

质量为 3 倍至 20 倍太阳质量的黑洞。质量在 10 倍至 20 倍太阳质量的恒星，先要经过超新星爆发，其后留下的核心才成为黑洞。如质量超过太阳的 40 倍以上，不用通过超新星爆发就能直接形成黑洞。

超大质量黑洞、中等质量黑洞和微黑洞都是相对而言，而且也不是一成不变的。如中等质量黑洞有可能吸入其他物质而变成超大质量黑洞；

也有可能因霍金辐射，而减小为微黑洞。这里我们再强调一次，由于黑洞并不能直接被观察到，这里所称的黑洞，实际上都为黑洞候选者。

最年轻的黑洞

如果依据黑洞形成的年龄来划分，黑洞还有青、老年之分。2010 年 11 月 16 日凌晨 1 点 30 分，美国宇航局宣称的，由他们的钱德拉 X 射线望远镜在距地球 5000 万光年处发现的一个仅仅诞生了 30 年的黑洞，可能就是最年轻的黑洞。这个年仅 30 岁，堪称婴儿的黑洞是 1979 年爆发的超新星 SN 1979C 的残存物质所构成。超新星 SN 1979C 我们在前面已简单介绍过。

人造黑洞

在形形色色的黑洞中，无疑人造黑洞最为吸引人们的眼球。人造黑洞有两种，一种是无意中产生的，如我们在前面已经提到过的欧洲大型强子对撞机（LHC）可能产生微型黑洞，以致有人上告法院，要求制止 LHC 的运行。据说还有一名印度女孩，因担心 LHC 产生出来的微型黑洞会毁灭世界而自杀身亡。

还有一种人造黑洞，那是人类有意制造的。最早关于人造黑洞想法，来自声学黑洞。上面提到的加拿大不列颠哥伦比亚大学的盎鲁教授，不但预言了盎鲁效应，在 1981 年他又提出了声学黑洞的想法，声学黑洞亦叫哑黑洞。盎鲁认为声波在流体中的行为与光在黑洞中的行为非常相似，如果使流体的速度超过声速，那么声音就不能流出该流体，于是就可以在该流体中建立一个人造的声学黑洞。声学黑洞也有一个“视界”，那是流体的速度从大于声速变到小于声速的分界面。不过声学黑洞一直没有在实验室里制造出来，要到 2009 年才在铷的爱因斯坦—玻色凝聚态中才得以实现。这种声学黑洞的温度和表面引力，已被测量出来。还没有对霍金辐射进行测量，不过科学家们已经提出适合进行此种探测的实验。

新世纪伊始，英国就有人宣称将在实验室中制造出一个人造黑洞，这是 2001 年 1 月的事。2005 年 3 月 18 日英国《卫报》又报道了美国已制造出了第一个“人造黑洞”。这是利用纽约布鲁克海文国家实验室在

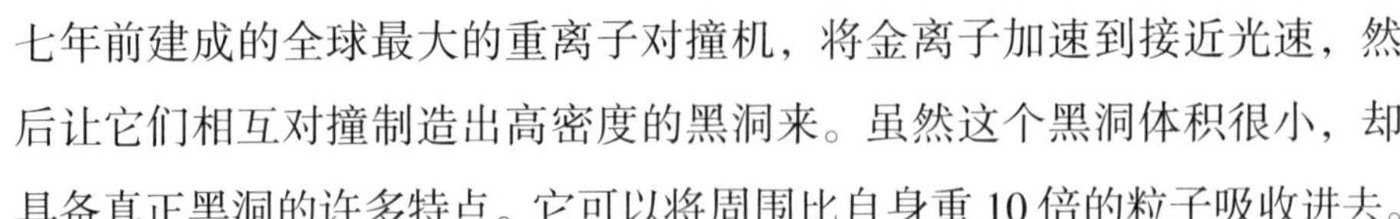

七年前建成的全球最大的重离子对撞机，将金离子加速到接近光速，然后让它们相互对撞制造出高密度的黑洞来。虽然这个黑洞体积很小，却具备真正黑洞的许多特点。它可以将周围比自身重10倍的粒子吸收进去。

2009年10月15日出版的英国《新科学家》杂志报道，中国首次制造出了可以吸收周围电磁辐射的“人造黑洞”。这实际上是一个能吸收电磁波，使之变成热能的能量转换装置。虽然目前这个装置还只能吸收某些频率的微波，还不能吸收光波，但已显示出了巨大的威力。如果它能吸收掉用以通信的电波的话，那就可使战争对方的通信瘫痪。将来如果可以吸收光波了，那就成了一个把太阳能转变为热能的理想装置！实际上这种黑洞完全不同于宇宙中的黑洞，宇宙中的黑洞是以吞噬其他物体为能事的；而它则是以转换能量的形式造福于人类的。

当然“人造黑洞”也是一把双刃剑，它可以造福于人类；也可祸害人类，就像原子核能的利用一样。俄罗斯的科学家曾预言：黑洞不仅可以在实验室中制造出来，而且50年后，可以制成具有巨大能量的“黑洞炸弹”。如果“黑洞炸弹”的构想能实现，它将使人类谈虎色变的“原子弹、氢弹”也相形见绌：一个原子核大小的黑洞，它的能量将超过一家核工厂。如果人类有一天真的制造出黑洞炸弹，那么一颗黑洞炸弹爆炸后产生的能量，将相当于无数颗原子弹同时爆炸，它至少可以造成10亿人死亡。希望这种推测是错误的，这类能毁灭人类的武器永远不能生产出来。

关于黑洞我们就谈这么多了。下面将要讨论与之相关的另一个问题：宇宙中有没有与黑洞相反的天体，它们只能发射出能量，而不能吸取任何物质。

时间反演和白洞

提到白洞，不得不要介绍一下物理学中的对称性。所谓对称性就是指当一个系统作了某种变换后，这个系统仍保持变换前它的所有物理规律不变的性质。其实前面的讨论中，已经涉及了这个问题。例如物理系统在伽利略变换下保持不变，就是牛顿力学的相对性原理；而在洛伦兹

变换下保持不变，则就是爱因斯坦狭义相对论的相对性原理。不论伽利略变换还洛伦兹变换，它们都是所谓的连续变换。

物理学中还有一类所谓的分立变换，与白洞有关的是时空对称性，就是一类分立变换下的不变性。所谓时空对称性就是在时间和空间的变换下，物理规律保持不变的性质。有一种空间变换叫空间反射，也就是从左变到右或从右变到左的坐标变换。在这种变换下的不变性叫作空间反射对称性或镜像不变性。世界著名的童话小说《爱丽丝漫游奇境记》描述的就是这种对称性。当爱丽丝进入镜子里面去后，虽然看到的一切都是左、右相反的，但如果她在里面做物理实验的话，就会发现不论是牛顿力学还是爱因斯坦的相对论，都与镜子外边现实世界中的完全一样。

物理学家们一直认为这种左右对称性是普遍成立的。1956 年初两个在美国的年轻中国人李政道和杨振宁却发出相反的声音，他们认为在有些过程中左右对称性是不对称的。这个被称作“宇称不守恒”的理论，当年就被另一个在美国的华裔女物理学家吴健雄所实验证实。为此李政道和杨振宁获得了 1957 年的诺贝尔物理学奖，而吴健雄则在 1979 年得到了前面已提到过的第一届沃尔夫物理学奖，这是专门发给该得诺贝尔奖，而没有得到的物理学家的。

与白洞有关的是时空对称性，也是所谓的时间反演对称性。什么叫时间反演呢？简单地说就是电影倒放。电影里常常使用一些蒙太奇手法，来“欺骗”观众。例如电影里常有这样的镜头：几个抢劫银行的歹徒驾驶汽车高速逃逸，突然撞向了路边的一棵大树。这样的镜头，实际上拍摄的并不是高速汽车撞上树的过程，而是一辆原来顶住大树的汽车在慢慢地倒退着离开大树。只要把胶片高速倒着放，就能起到汽车高速撞向大树的惊险效果。时间反演对称性则是说时间反演前后的两个情况下，物理规律都是相同的。一个状态经过时间反演后的态，就称为是原来状态的时间反演态。

广义相对论是时间对称的，允许有时间反演态存在，所以就可由黑

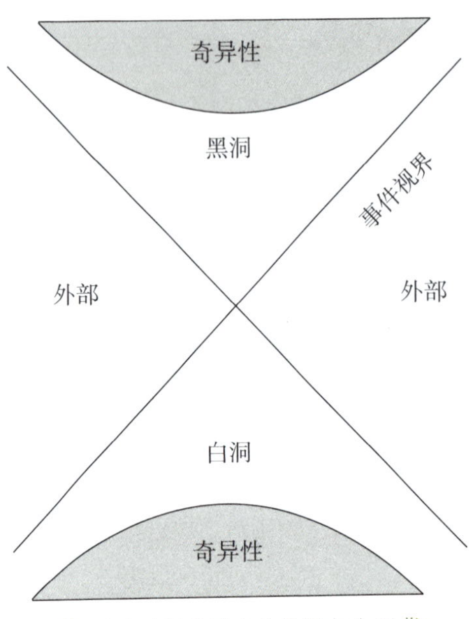

互为时间反演态的黑洞与白洞

洞推得有它的时间反演态——白洞存在。

黑洞是只能有其他物质掉入它的内部，而不会有物质向外逃逸出去的，所以时间的将来方向是永远向着黑洞内部的；作为时间反演态的白洞，那一定是时间的过去方向向着白洞内部的，即时间将来的方向是向着白洞的外部的。这就是说物质只能从白洞逸出而不能进入，因为进入白洞就意味着返回到过去。图中清楚地表明了这种关系。

图中时间的方向是从图的下部到上方。图中上部的倒三角形是黑洞的内部，下面的倒三角形是白洞的内部。两边的两个三角形是黑洞、白洞的外部。两条交叉的直线就是事件视界。由此图可以看出，白洞也有一个与黑洞类似的封闭的边界——视界，而且白洞内部的物质和各种辐射只能经视界向外部运动，而白洞外部的物质和辐射却不能进入其内部。白洞好像一个不断向外喷射物质和能量的源泉，它向外界提供物质和能量，却不吸收外部的物质和能量。

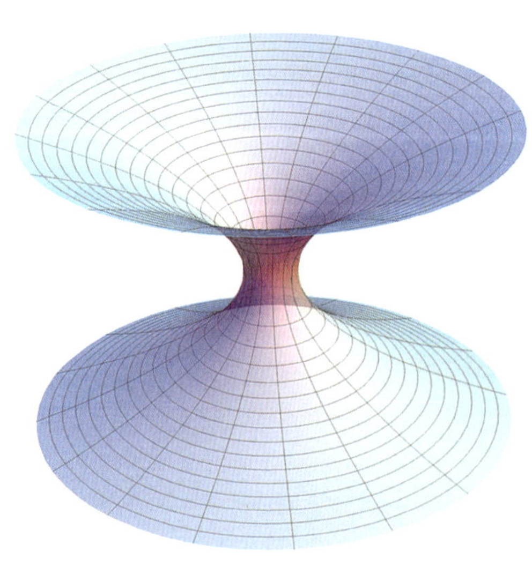
连接黑洞和白洞的时空管道

白洞到目前为止还仅是科学家们的想法，至今还没有观察到任何白洞可能存在的证据，在理论研究上也还没有重大突破。

但是，最新的研究给出了一个惊人的结论，即白洞

很可能就是“黑洞本身”，“黑洞、白洞一体化”了。

就是说黑洞在这一端吸收物质，而在另一端则喷射物质，中间有一个巨大的时空管道将两者连接了起来。那么，这个时空管道又是个什么东西呢?

宇宙旅行的捷径——虫洞

连接黑洞、白洞的时空管道就是我们在本书最开始提到的虫洞。虫洞的概念是奥地利物理学家弗莱姆在 1916 年首次提出的。1935 年爱因斯坦和他的同事罗森在研究引力场方程时，假设通过虫洞可以瞬时进行空间转移或时间旅行，所以虫洞也叫爱因斯坦—罗森桥。

虫洞在数学上有严格的定义，那已大大超出本书读者的水平，所以在此只能不用严格的数学术语，来做一个简单的解释：如果时空中有一个紧致区域 Ω，它可被表示成 $\Omega \sim R\times\Sigma$，其中 Σ 是一个三维空间，Σ 的边界是一个球面，那么在 Ω 内部就可以找到一个虫洞解。所谓紧致区域简单地说，就是不像平面那样可以延展到无限远处的区域，例如球体或球面等都是紧致区域。

也可在物理学上对虫洞作一个非正式的定义：虫洞是包含有一根世界管的时空部分，而且这根世界管不能连续地收缩为一根世界线。世界线是物理学上的一个专用名词，是指一个粒子或质点随着时间的推进，在空间中运动的轨迹。因此，世界管可以被看作是一个不能被连续地收缩为一点的圆圈，随着时间的推进在空间中画出的轨迹。

虫洞的提出为宇宙旅行提供了一个捷径，也为众多的科幻影视作品提供了方便之门。例如在各种的“星际之门”的电视剧中，虫洞就被直接用作可以通往宇宙中遥远的地方的“星门”。这也是我们在本书最开始提到的，为什么索恩建议萨根用虫洞代替黑洞作为宇宙航行捷径的原因。

虫洞可以分成两类：宇宙中的虫洞和宇宙间的虫洞。

宇宙中的虫洞是指由于时空的高度弯曲，在宇宙中相距甚远的两点

可以有一个虫洞把他们连接起来。下图是这种虫洞的示意图。1963 年惠勒等人证明了宇宙中的虫洞是不稳定的，当有物体从外部进入虫洞企图通往另一头的外部时，它会迅速地掐断。为了保持它的稳定，虫洞内部就必须有一些特殊的物质，如幽幻物质、负能量物质等存在。

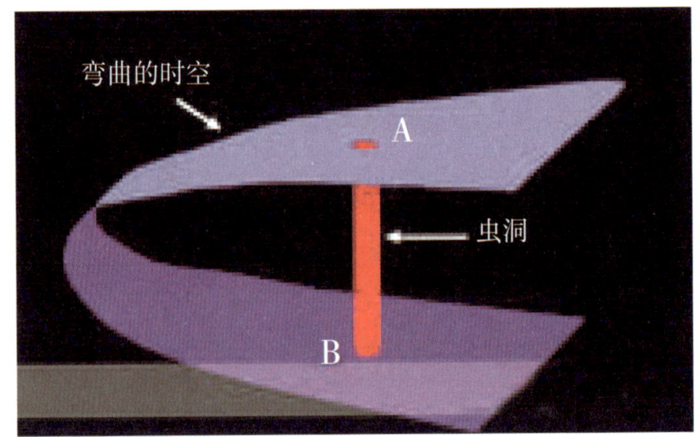

弯曲时空中的虫洞

宇宙间的虫洞是指在两个不同的宇宙之间，可以有一条像蚯蚓一样打出来的隧道，这就是虫洞（wormhole）本来的意思。既然虫洞存在于宇宙之间，那就意味着宇宙还不止一个，确实如此，在有的宇宙理论中，可以出现多个宇宙、平行宇宙等。通过虫洞还可以从一个宇宙产生出另

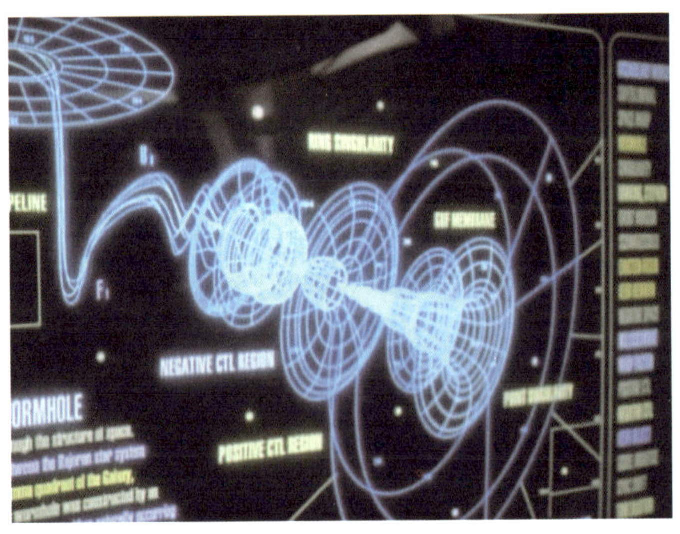

宇宙之间的虫洞

一个宇宙来，虫洞就像脐带一样把婴儿宇宙与母亲宇宙连接了起来。

尽管有关虫洞的理论五花八门，但到目前为止，尚未发现虫洞存在的实验或观察迹象。黑洞虽然还没有或者不能被直接观察到，但间接观察到的黑洞候选者还大量存在，而作为黑洞与其时间反演态——白洞之间通道的虫洞还纯粹是理论上预言的一种特殊天体。用它作为宇宙旅行的捷径，尽管还有虫洞的不稳定等困难，在道理上还算是说得过去，但虫洞存在不存在那就只有等待将来进一步的发展验证了。

宇宙的归宿

最后来谈一下宇宙的最终归宿问题。这里讲的是整个宇宙的归宿，是一个科学探讨的问题，并不是像之前热议了很久的 2012 年 12 月 21 日是世界末日那样的没有根据的宿命推测。2012 年 12 月 21 日一过，这些胡言就都不攻自破了。2012 年 12 月 21 日只是玛雅文化中的一个历法周期的结束，就像 1999 年 12 月 31 日是公历 20 世纪的结束一样。是那些饱食终日、无所事事的庸人们把它夸大成世界末日，来自己忽悠自己一番。退一万步说，这里的世界也只是指地球，即使地球毁灭了，对整个宇宙的影响肯定比九牛一毛还要小。

宇宙归宿的问题最早是克劳修斯开始考虑的。我们在前面已经介绍过克劳修斯，他在 19 世纪中叶做出了热力学第二定律的一种陈述，接着又给出了熵的概念。后来在熵增原理（即热力学第二定律）的基础上，提出了“热寂”论。认为根据熵总是不断增加的熵增原理，宇宙的熵也总是在不断增加，到最后达到了熵最大的状态。此时整个宇宙达到完完全全的热平衡，没有任何的差别，变成了死一般的沉寂，这是一幅非常可怕的宇宙前景图。不过后来人们指出他把适用于孤立系统的熵增原理，不恰当地推广到作为一个开放系统的整个宇宙，所以“热寂”并不会出现。

克劳修斯的“热寂”论已成为历史上的话题了。爱因斯坦于 1916 年提出广义相对论之后，我们可以从一个全新的视角来探讨宇宙的终极命运。广义相对论是描述大尺度宇宙的最为有效的理论，广义相对论的方

程有许多不同解，其中有一个解就是前面已经介绍过的宇宙大爆炸模型。在这个模型里还有许多不同的情况，每一种情况对应着一种可能的宇宙终极命运。

在前面我们介绍过弗里德曼的演化宇宙理论，根据弗里德曼方程中一个参数的值，宇宙可以有三种不同的形态。这三种不同的形态与宇宙的物质密度有关。宇宙中有一个临界密度，如果物质密度比临界密度大，宇宙的形状将是封闭的椭球。在这种宇宙里，膨胀最后会停止，并会逆转为收缩，最终形成与大爆炸相反的一个“大挤压”。如果物质密度小于临界密度，则宇宙的形状将是开放的马鞍状，膨胀也会一直继续下去，宇宙变得愈来愈大。而根据热力学理论，体积变大，温度就要下降。所以到最后整个宇宙的温度会无限趋近于绝对零度，出现所谓的“大冻结”，这时就不是“热寂”而是“冷寂”了；也有可能因为巨大的引力，而出现“大撕裂”。如果宇宙的物质密度等于临界密度，那宇宙的形态将是平坦的。在此宇宙中膨胀的速度会越来越慢，最后为零，即不膨胀了。这种宇宙的结局与开放宇宙的一样，是大冻结或大撕裂。

大爆炸的最后竟是大挤压，大挤压的结果是宇宙又被挤压成一点了，一个能量密度无限大的奇点，于是就会再次发生大爆炸。宇宙的结局是大反弹：大爆炸→大挤压→大爆炸……周而复始成了循环宇宙。

不论是大冻结、大撕裂还是大反弹，我们的宇宙都会有一个终点的，说得赤裸裸些，就是宇宙的末日总会来临的。一些忧天的杞人们可能又会睡不着觉了，甚至还会自杀。其实根本不用担心，不用说这些都是理论上的推测，谁知道会不会出现。即使真的出现，那也要在非常非常遥远的将来。不说别的，就说我们的太阳，它已形成了 50 亿年，大概还可以活 50 亿年。地球在形成约 40 亿年的时间里，就能从非生命物质演化出一个活生生的人来，你能想象出再经过 50 亿年人类会变成什么样子吗？所以大可不必担心。

况且 50 亿年还只是太阳的寿命，还不是宇宙的寿命。宇宙的寿命还要长得多，所以更不用为它的寿终正寝而操心了。

还有一种不会导致末日的多宇宙模型：我们所处的这个宇宙只不过是无数个宇宙中的一个。虫洞实际就是在多宇宙模型中提出的，它的作用就是在不同的宇宙之间打个洞，将它们联系起来。多宇宙模型要牵涉到伪真空等诸多理论问题，不能在此再做介绍了。

有关宇宙、黑洞的理论或模型，现在有许多尚不清楚的地方，也有不少解释不了的问题。至于宇宙旅行那更只是人类脑海中存在的想象而已。或许有人会认为既然这种模型有不清楚的地方，解释不了问题，那么会不会只是些科学家的胡乱猜测呢？当然有关宇宙、黑洞确有许多至今仍未搞清的问题，可能未搞清的要比已搞清的问题多得多。就算目前认为已搞清楚的，也不一定是真正清楚了。随着时间的推移，新的观测事实的积累以及像牛顿、爱因斯坦这样的天才人物的出世，人类的宇宙观肯定还会大大地改变。说不定还会发生像相对论、量子论这样巨大革命。

科学本来就没有什么终极理论的，科学的最大特点可能就是它具有可证伪性和不完善性。可证伪性就是指只要你能证明某一点，那就证明了这个理论是彻底地错了。对于一个新提出的理论来说，可证伪性可能比可证明性更为重要。如果没有包含可证伪性，那它就不可能成为真理。科学是不完善的这一点，可能大家不大会想到，总认为科学应是完美的，不应该有解释不了的事情。所以往往会指出某个理论不能解释什么，就说这个理论错了。其实不然，一个新的理论有解释不了的地方，并不证明它是错的，只能说明它还不够完善，有待进一步发展。科学的发展，就是使不完美之处变完美的过程。爱因斯坦的相对论使牛顿理论的不完善之处完善了，就使人类在认识自然、认识宇宙方面前进了一大步。难道牛顿的力学三大定律没有相对论性、不够完善，因此就说它错了？根本不是这么回事，牛顿的力学三大定律还在我们的生产实践和日常生活中大量应用。可以毫不夸大地说，不用它们，我们将无法生存！

现在的宇宙模型可能是宇宙的真实描述，但还需要不断地完善；也有可能是错的，但这要等证伪性的观察事实出现以后才能定论，这才是科学的态度。

十二、黑洞观测

本书的最初目的，是普及黑洞的一些基本知识，所以很少涉及黑洞的实验观测和存在证据等方面的内容。2019 年 4 月，情况发生重大变化：人类第一张黑洞照片问世了！一下子引起全世界对黑洞观测的极大关注。随着第一张黑洞照片的问世，人类对黑洞认识有了进一步的了解。

黑洞照片

M87 星系中心超大质量黑洞的照片

2019 年 4 月 10 日北京时间 21 时，在美国华盛顿、中国上海和台北、智利圣地亚哥、比利时布鲁塞尔、丹麦灵比和日本东京同时召开新闻发布会，以英语、汉语、西班牙语、丹麦语和日语同时宣布："事件视界望远镜"拍摄得到了 M87 星系中心超大质量黑洞（M87*）的照片。这是

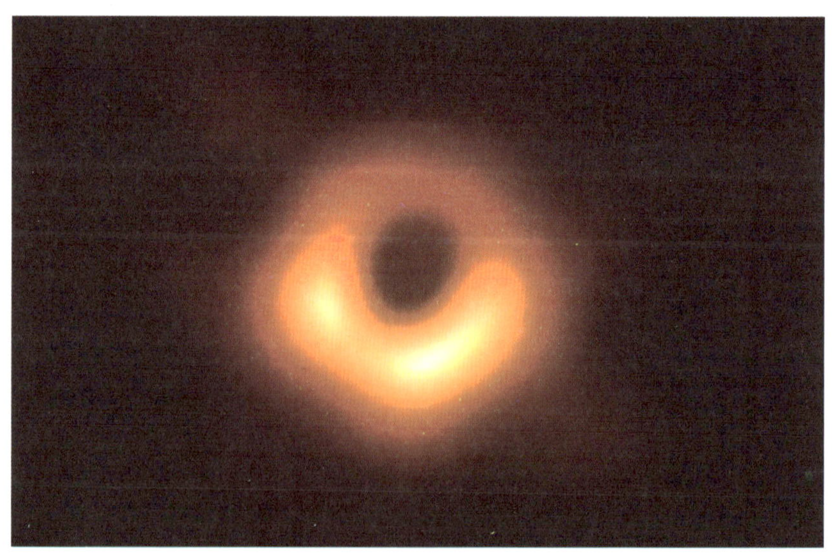

M87 星系中心处黑洞的照片

人类历史上的第一张黑洞照片!

M87 星系又称室女座 A 星系。大家对室女座可能并不陌生，特别是那些“星粉（热衷星座知识的人）”们。室女座是黄道 12 星座之一，凡在 8 月 23 日到 9 月 22 日出生的人均属此星座。

M87 星系是一个巨椭圆星系，天文学家认为在其中心有一个称为 M87* 的超大质量黑洞，其质量是太阳的 65 亿倍，距离地球 5500 万光年。2019 年 4 月，公布的第一张黑洞照片，就是它的“尊容”。

M87 星系中心超大质量黑洞的偏振照片

在人类得到了第一张黑洞照片两年后，2021 年 3 月 24 日北京时间 22 点，“事件视界望远镜”国际合作组又公布了 M87 超大质量黑洞的新图像，一张偏振光下的黑洞照片。这是人类获得的第二张黑洞照片，也是第一张黑洞偏振照片。

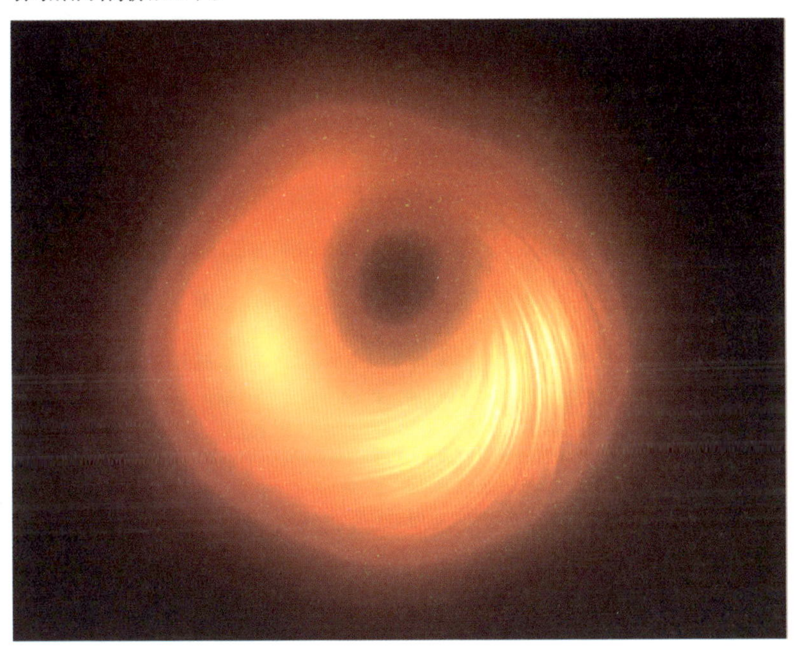

M87 中心黑洞的偏振照片

“事件视界望远镜”计划在 2017 年 4 月初启动，花了 5 天时间，收集到了全部数据。两张 M87* 黑洞的照片都是用这些数据处理而得到的。第一张照片是普通光照片，得到它花了 2 年时间；第二张照片是偏振光照片，偏振光照片的处理技术更复杂、难度更大，所以多花了 2 年时间

才得到。为什么5天收集到数据，要花2～4年时间处理才能得到照片？这个问题，在介绍“事件视界望远镜”时，再来回答。

这张偏振照片是“事件视界望远镜”国际合作组为了探索与M87*黑洞相关的极端磁场情况、进一步了解黑洞的周围环境所拍摄的。

电磁波（包括光波）是横波，横波的振动方向在垂直于传播方向的波阵面内。普通光线的振幅分布在波阵面内的各个方向上。如果使用滤光片（起偏器）过滤掉其他方向的振动，只在某个方向上有振幅，这样的光叫偏振光。

我们日常使用的偏振太阳镜的镜片就是这样一种滤光片，它过滤掉了大部分方向上的振幅，只留下在某些特定方向上的振幅，这样一来不仅减少了强烈的太阳光对眼睛的伤害，也减弱了来自外界物体的反射光和眩光，使得物体图像更为清晰。除了起偏器能使普通光成为偏振光外，一些从磁化的高温区域发出来的光，本身就是偏振的。

由此可见，黑洞的偏振照片也有两大优点：一是可以使黑洞的轮廓更为清晰；二是可以得到黑洞边缘区域的磁场信息，绘制出黑洞周围的磁力线图形等。这使科学家们能够更好地了解黑洞边缘物质的行为，理解被黑洞吞噬的物质是从哪里来的？如何进入黑洞的？以及有些物质又如何从黑洞辐射出来？有了偏振照片，就可以在天文学家构建的模拟这些过程的诸多模型里，挑选出最为符合实情、最为合理的那个来。

银河系中心超大质量黑洞人马座A*照片

2022年5月12日，“事件视界望远镜”国际合作组织再次发布了一张黑洞照片：位于银河系中心的超大质量黑洞人马座A*的首张照片。

这是人类“看见”的第二个黑洞，也是银河系中心超大质量黑洞真实存在的首个直接证据。

人马座（“星粉”们喜欢称射手座），也是黄道12星座之一，凡在11月23日到12月22日出生的人属于此星座。人马座A*（注意不是人马座A）是位于银河系中心的一个射电源，是黑洞最初的几个候选者之一，本书在“黑洞候选者”一节中曾做过介绍。

人马座A*的质量大约是太阳的430万倍，比M87*的质量小了

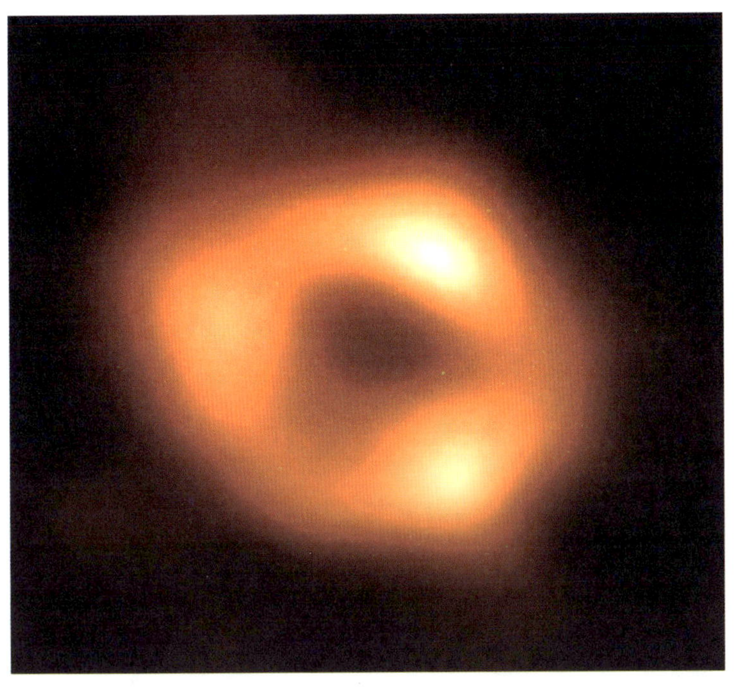

银河系中心黑洞人马座 A* 照片

1500 倍左右。距离地球约 2.7 万光年，比 M87* 距离地球近了 2000 倍左右。人马座 A* 比 M87* 近得这么多，而它的照片反倒晚了 3 年才合成出来，这是因为黑洞周围的气体，都是以近似光速绕黑洞高速旋转的。绕质量小的人马座 A* 黑洞旋转要比绕 M87* 黑洞的快得多，其亮度和图案的变化也更快。再加上其他的干扰因素，如银河系内的气体云等，使得照片的合成更加困难，故用了 5 年时间才合成出来。

这三张照片，虽然或是两个不同黑洞的照片，或是同一黑洞不同光线的影像，但其外观十分相似：中间都是一个黑色部分，外边被一个明亮的环包围着，看起来就像一个甜甜面圈。

中间黑色部分显示的无疑就是任何信息都无法逃逸的黑洞内部；明亮的类似甜甜圈的部分，则是黑洞事件视界周围的吸积环。从这个意义上来说，黑洞照片实际上是黑洞“事件视界”的照片。这也是拍摄黑洞照片所用的射电望远镜阵列被称为“事件视界望远镜”的缘故。

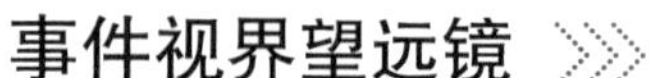

事件视界望远镜

黑洞的视界

关于黑洞视界，我们已在本书的“视界之谜”那部分中介绍过：“黑洞的视界叫‘事件视界’，意为这是一个‘看得到的边界’，超过了这个边界，到了黑洞里面我们就一无所知了。”简单来说，“事件视界”就是看得见部分和看不见部分的分界面。在“事件视界”里面，任何物质和信息（包括光）都不能逃逸出去，所以在照片上呈现黑色。“事件视界”外面的各种物质，是可以挣脱黑洞魔掌而逃逸的。不过在逃离时，还有些物质会残留在“事件视界”的边缘；另外由于“霍金辐射”，黑洞内部也会有正反粒子对辐射出来。其中也会有些残留在视界边缘，所有这些物质在“事件视界”周围形成了所谓的“吸积盘”。“吸积盘”会有射电信号向外辐射出去。“事件视界望远镜”就是为捕捉这些射电信息而设计的。

事件视界望远镜

望远镜的分辨率是与它的孔径成反比的，孔径愈大能够分辨出（观察到）更小的天体。光学望远镜的孔径就是它透镜的直径；射电望远镜则是它相距最远的两个天线之间的距离。我国的“天眼（FAST）”孔径达 500 米，是世界上孔径最大的单体射电望远镜。这样的单体望远镜又称连续孔径望远镜（天线都是紧紧相连在一起的）。

要提高望远镜的分辨率，就得增大射电望远镜的孔径，但由于造价和技术困难的限制，连续孔径望远镜的孔径不能无限扩大。因此天文学家想到，如果把两架或多架连续孔径射电望远镜连接起来，组成一个望远镜阵列。这样一来，连接起来的望远镜之间的基线长度，就成了望远镜陈列的孔径，从而望远镜的孔径就大大增加了。这样的望远镜阵列被称为“非连续孔径射电望远镜”。

非连续孔径射电望远镜的出现，使射电天文学上了一个台阶。但非连续孔径射电望远镜的基线距离，也是有限制的。因为离开过于遥远的两个天线接收到的信号有差别，无法形成同一图像。

20 世纪 50 年代，剑桥大学的天文学家马丁·赖尔设计、建造了“射电干涉望远镜”。射电干涉望远镜利用基线两端的天线接收的信号时产生的几何程差，使之相干涉产生干涉条纹，再由这些干涉条纹还原出图像。但是“射电干涉望远镜”仍有局限性，赖尔又在此基础上，发明了“综合孔径射电望远镜”，进一步增大了各个射电望远镜之间的距离，提高了分辨率和灵敏度。为此赖尔获得了 1974 年的诺贝尔物理学奖。

黑洞离地球都非常遥远，到达地球的信号都非常微弱。要测量到这样微弱的信号，望远镜的孔径必须大于 8000 千米。而“综合孔径射电望远镜”的孔径最大也只能达到几百千米，因为必须把不同望远镜在同一时刻接收的信号，传输汇总起来，距离过远，会有问题。

为了解决这个问题，天文学家和天体物理学家们发展出了“甚长基线干涉测量技术”，利用这一技术可以把多个单一的射电望远镜、射电望远镜阵列整合起来，构成一架孔径可以达到地球大小的虚拟望远镜。拍摄银河系中心人马座 A* 和室女座 M87* 两个黑洞的照片的“事件视界望远镜”，就是这样的一架虚拟望远镜。

“事件视界望远镜”是由位于世界 6 个地方的 8 架大型射电望远镜或射电望远镜阵列组成的。下图是这 8 架望远镜在地球上的分布图。

图中(从下至上)，SPT 是位于南极的南极望远镜；ALMA 是位于智利阿塔卡马的大型毫米波阵；APEX 是位于智利阿塔卡马的探路者实验望远镜；LMT 是位于墨西哥的大型毫米波望远镜；LMT 是位于美国亚利桑那州的多镜面望远镜；JCMT 是位于美国夏威夷的麦克斯韦

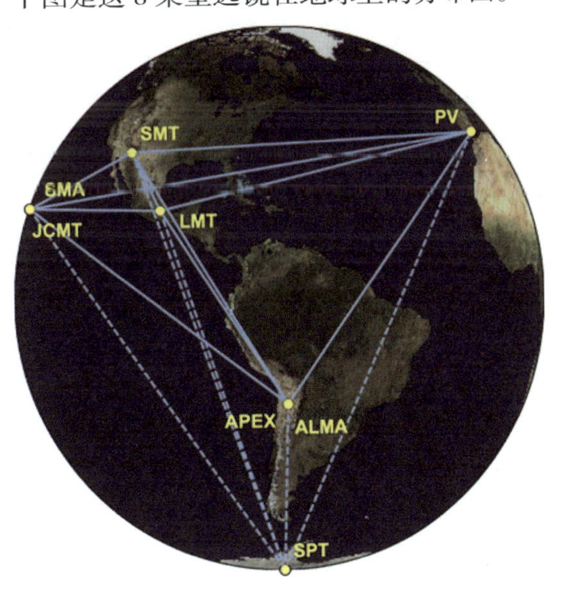

“事件视界望远镜”分布图

望远镜；SMA 是位于夏威夷的亚毫米波望远镜；PV 是西班牙（位于格陵兰岛）的毫米波射电天文所的 30 米毫米波望远镜。

通过“甚长基线干涉测量技术”，如果这 8 架望远镜同时观测同一目标，就能得到一架孔径相当于地球直径的望远镜所能分辨的图像。所以“事件视界望远镜”是一架与地球一般大的虚拟望远镜。

“事件视界望远镜”是由 30 多所来自 12 个国家的大学、天文观测站等研究单位与政府机构参与的国际合作项目。中国科学院天文大科学研究中心（CAMS-CAS）也参与了这个项目。项目的重点目标是拍摄人马座 A* 和室女座 M87* 两个超大质量黑洞的照片。

2017 年 4 月“事件视界望远镜”开启对黑洞的拍摄工作。由于人马座 A* 和室女座 M87* 两个黑洞距离遥远，到达地球的信号非常微弱，所以 8 个望远镜连续 5 天对它们同步跟踪拍摄。在 5 天里获取了 10Pb 的信息，即 10 亿个 G 的信息量。这些信息分别记录在 8 个望远镜各自的硬盘上，所有硬盘合起来的总重量高达半吨多重。

所有这些硬盘被集中运送到德国马克斯－普朗克射电天文学研究所（MPIfR）和麻省理工学院（MIT），由他们使用超级巨型计算机进行统

数据硬盘

一数据处理、合成照片。

有了1亿年内误差不超过1秒的原子钟，就确保了各观测站独自记录信息的同时性，也就克服了“综合孔径射电望远镜”必须即时传输所测信号的困难

另外，合成照片还有一些困难，也就是人类从未看到过黑洞，怎么知道合成得到的8个图像哪个正确？就好像在公安局里，由8个人像描绘专家，根据目击者的描述，画出嫌疑人的8个人像，哪个最像？

“事件视界望远镜”项目组处理的原则是：如果计算机处理合成出来的图像差别很大，那说明数据不可靠，需要重新测量。如果图像基本相似、稍有差别，那就对各个图像采用统计平均法，就能得到统一的图像。当然，这个图像又必须与各个站点的记录数据相符合。

上面的3张黑洞照片都是用这种方法合成出来的。顺便说一下，这里的“合成”，并不是手机上PS出来的那种造假的图像，而是用技术手段合成出的真实图像！

黑洞的照片证实了黑洞的存在，黑洞又是爱因斯坦广义相对论的真实实验室，所以也证明了广义相对论在强引力场的情况下是正确的。这是这次获得黑洞照片的重大意义，也是拍摄黑洞照片的初衷。

黑洞存在的其他佐证

“事件视界望远镜”拍摄的照片，提供了黑洞存在的直接证据。但俗话说“孤证不立”。还有其他观测事例可以佐证黑洞存在么？

银河系中心的G天体轨道行为和引力波的发现就是黑洞存在的另两个确证。

银河系中心的G天体的轨道

2020年的诺贝尔物理学奖授予了对黑洞做出重要贡献的三个物理学家：罗杰·彭罗斯、赖因哈德·根策尔和安德烈娅·盖兹。彭罗斯得到了奖金的一半，根策尔和安德烈娅·盖兹两人分享另一半。

彭罗斯在20世纪60～70年代是一位与霍金齐名的、曾在研究黑洞方面做出诸多重要贡献的物理学家。黑洞是爱因斯坦在广义相对论中预

言的，不过他本人与当时的大多科学家一样，并不相信会有黑洞存在。20世纪60年代，惠勒第一次使用“黑洞”一词，其实是为了驳斥、讽刺“黑洞”的存在，本书前面“惠勒的定义”部分曾专门讲述过。就连霍金也曾打过“黑洞”不存在赌，到了70年代他才改变了这一观点。

彭罗斯在1965用巧妙的数学方法证明黑洞真的可以形成，而且黑洞的形成还是广义相对论的必然结果。这是第一次用数学公式肯定了“黑洞的存在”，其重要意义不言而喻。1969年他又提出了“宇宙监督假设”，认为黑洞是一个“监督者”，它不让“奇点”出现在宇宙间。随后霍金又与他一起证明了“奇点定律”。“奇点定律”是说，“奇点”一定会被黑洞裹挟，只能出现在黑洞里面。这一时期他与霍金两人，对黑洞都做过多项重要研究，奠定了黑洞研究的理论基础。上面提到的“霍金辐射”就是在那时提出的。所以有人认为，如果霍金没有去世，说不定会与彭罗斯共同获奖。

霍金与彭罗斯

彭罗斯的证明，主要还是对黑洞存在的理论贡献。而与他共享另一半奖金的根策尔和盖兹两人则不然，他们得到的是能够直接证明银河系中心人马座 A* 是黑洞的观测结果。

根策尔和盖兹两人分别领导了德国和美国的两个带有竞争性的科研团队。一个是在德国慕尼黑的马克斯·普朗克天体物理研究所的研究小组，另一个是美国加州大学洛杉矶分校天文与物理系的研究小组。从20世纪90年代初起，这两个小组一直都在对银河系中心一个名为“人马座A*”的区域进行研究。经过20多年的努力，他们测得了人马座 A* 周围G天体的运动轨道。指出“在我们的银河系中心，有一个看不见的、质

量极大的天体控制着周边恒星的轨道，目前对这个天体的唯一解释就是一个超大质量黑洞。”下图是G天体轨道的示意图。

环绕银河系中心黑洞旋转的G天体轨道

在图中，白色的“+”符号代表黑洞，它周围的圆形、椭圆形等轨迹，就是所谓G天体的运行轨道。

G天体是什么？ G天体是2004年首先发现的一个围绕银河系中心人马座A*运行的天体。它的行为非常独特，与银河系中的任何其他物体都不相同，被命名为G1。接着又发现了第二个G天体，被命名为G2。以后又陆续发现了G3、G4、G5、G6等天体，一共有6个G天体。

开始时，天文学家认为G1、G2这两个G天体是气体云，但它们的行为又不像气体云，而是像恒星。因为当气体云从黑洞近旁经过时，会被黑洞的巨大引力撕碎、吞噬、最后像飞蛾扑火似的投身黑洞。

2014年，G2与人马座A*距离最近时，它的行为非常奇特。虽然受到黑洞的引力影响，它也发生扩展、扭曲，甚至失去了外层结构。但并没有像气体云那样投入黑洞后，一无所存、只剩“三毛”。而是在离开时，它又恢复了原来的致密形态，似乎它有能力对抗黑洞对它的毁灭性打击。

是什么力量让G2保住了自身的致密性？盖兹认为G天体是恒星双星系统，在黑洞的作用下，相互环绕对方旋转的双星，在运动中彼此释放能量，逐步靠近，最后合并了起来。它们释放出的能量，能够抵御黑

洞对它们的巨大引力，保持了自己的致密性。由 G 天体轨道的性质，以及银河系中心处大部分恒星质量都很大，大多数是双星的观测事实，就能反过来证明银河系中心的人马座 A* 确实是一个超大质量的致密天体——黑洞。

引力波的发现

黑洞存在的另一个证据是引力波的发现。引力波是爱因斯坦在 1916 年根据广义相对论预言的一种波。爱因斯坦认为大质量天体会引起时空扭曲，引力波就是弯曲时空中的涟漪。就像向水池投入一颗石子，水面上就有涟漪产生，并向外扩散出去。引力波也会像水波那样扩散出去，引力波到达的地方，会造成该处时空尺度变化，测量这些变化就能发现引力波。

引力波十分微弱，一直没有被发现，直到 2015 年人类才第一次探测到了引力波。

由于发现了引力波，物理学家雷纳·韦斯、巴里·巴里什和基普·索恩 三人荣获了 2017 年诺贝尔物理学奖。

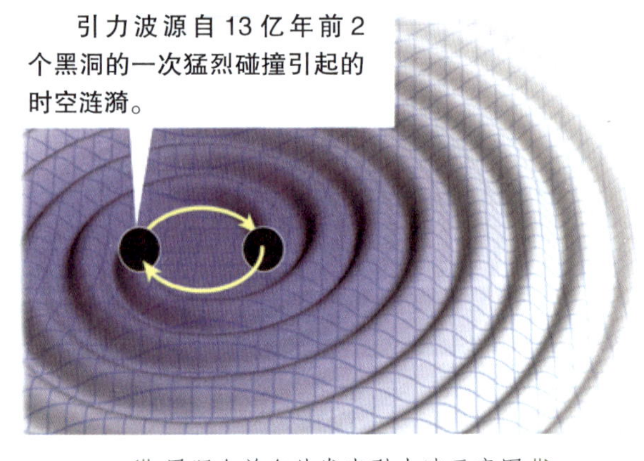

黑洞合并向外发出引力波示意图

韦斯最早提出了用激光干涉探测仪来探测引力波的方法。巴里什启动建造观测引力波的激光干涉引力波探测站（LIGO），建立了由全球 1000 多个科研单位参加的 LIGO 合作组。基普·索恩我们并不陌生，本书一开始就提到过他是一位研究黑洞的著名理论物理学家。

LIGO 是激光干涉引力波观测站（ Laser Interferometer Gravitational-Wave Observatory ）的英文首字母缩写。它的目的明确，就是寻找宇宙中的引力波，从而检验广义相对论关于引力波的预言是否正确。

2016 年 2 月 11 日 LIGO 合作组宣布，LIGO 的两个探测器，于 2015 年 9 月 14 日，第一次探测到了离地球 13 亿光年处的两个黑洞合并时产生的引力波。

这两个黑洞的质量分别是太阳质量的 29 倍和 36 倍。在合并的最后 1 秒内，约有 3 倍太阳质量的物质转化为能量，以引力波的方式向宇宙四面八方发射出去。虽然发射出的总能量巨大，但到达地球时，则少得可怜。引力波产生的应变最大值只有 10^{-21}！相当于在日地距离上，只产生了一个氢原子大小的改变。

这一黑洞合并事件，按命名规则，被称为 GW150914，GW 是英文引力波的首字母缩写，后面的数字是发现的日期。

2016 年 6 月 16 日，LIGO 合作组再次宣布：2015 年 12 月 26 日 03 时 38 分 53 秒（世界标准时），LIGO 的两个探测器，又一次探测到了引力波 GW151226。下图是这两次发现的引力波在南半天球上的位置。

第二次发现的引力波 GW151226，是由双中子星合并而发出的。中子星与黑洞一样，都是恒星在晚期塌缩时，产生的致密天体。只不过质量小于 3 倍太阳质量的恒星只能塌缩成中子星，质量必须大于 3 倍太阳质量的恒星才能塌缩成黑洞。

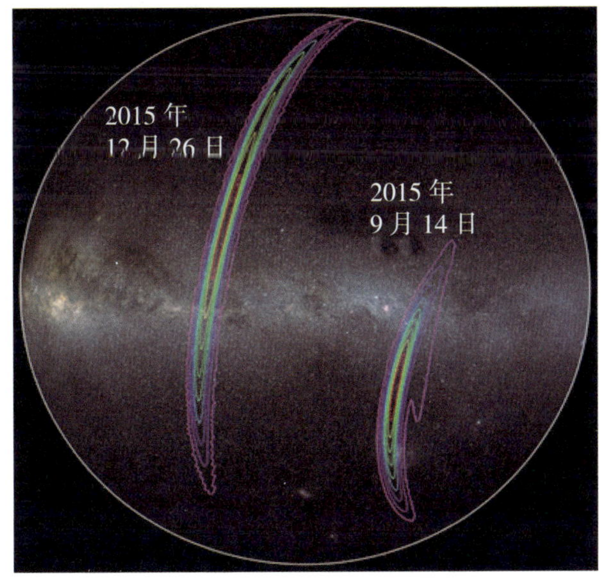

两引力波的位置

在随后的 5 年里又陆续发现了 50 多个引力波事例，到目前为止，已经发现了 100 多个引力波事例。这么多的引力波被发现，明确无误地证实了引力波的存在，最终证明了爱因斯坦 100 年前的预言是正确的，同时也提供了黑洞存在的另一个天文观察证据。

发现引力波的激光干涉引力波观测站（LIGO），有两个激光干涉仪，分别位于美国路易斯安那州的利文斯顿，和美国华盛顿州的汉福特，两者相距 3000 千米。

位于利文斯顿（左）和汉福特（右）的 LIGO 装置鸟瞰图

激光干涉引力波探测仪的灵敏度取决于臂长，测量臂愈长，灵敏度愈高。LIGO 的臂长 4 千米，并采取了特殊的措施，使激光的行程由 4 千米增加到了几千千米，这样一来 LIGO 的灵敏度达到了可以测出引力波的数级。

有关黑洞的发现，就介绍到这里，下面来介绍一些有关的新发展。

展望今后

黑洞电影

黑洞照片是静止的图像，科学家们的下一个目标，很自然就是想得到黑洞的动态图像，即拍摄黑洞的影像，要对黑洞进行 24 小时不间断的拍摄。为此目的，“事件视界望远镜”项目组在 2017 年后，添加了更多的亚毫米波望远镜以提升它的灵敏度，增加数据记录的带宽，以适应动态图像数据大量增加的情况。

上海天文台作为“事件视界望远镜”国际合作项目组的国内协调单位，也已准备参与对银河系中心超大质量黑洞的拍摄工作。他们说：“拍摄这样一部银河系中心黑洞的‘电影’，是下一代‘事件视界望远镜’的追求。”上海天文台在“事件视界望远镜”项目的全球合作中，曾做出过诸多贡献，他们的天马望远镜曾先后17次参加对这两个黑洞的协同观测，显著提高了观测灵敏度。他们完全有能力参与这项拍摄黑洞电影的任务。

空间探测

现在测到的引力波都是质量大致为几十倍太阳质量的黑洞产生的。这样大小的黑洞被称为恒星黑洞，恒星黑洞产生的引力波的频率在10～1000赫兹，相当于波长几千千米。激光在LIGO测量臂中的行程也在这一数量级上，所以LIGO能测量到这一频率区间里的引力波，但无法测到10赫兹以下的低频引力波。

一般来说，质量愈大的黑洞产生的引力波频率愈低。银河系中心超大质量黑洞人马座A*的质量大约是太阳质量的430万倍，它所产生引力波的频率是恒星黑洞的百万分之一左右，相应的波长也要长近百万倍。如要测量频率这么低的引力波，LIGO的测量臂也要增加近百万倍，这在地球上是无法做到的。于是科学家们就想到把LIGO放到空间轨道上去进行空间探测。第一个这样的设想是LISA计划。

LISA计划：LISA是“激光干涉空间天线（Laser Interferometer Space Antenna）”的英文首字母缩写。最初由美国国家航空航天局提出，后因经费拮据，改与欧洲空间局（ESA）合作开发此计划，由欧洲航天局主导，美国航天局只负责技术支持。

LISA计划发射三个相同的卫星构成为一个边长为2 500 000千米的等边三角形，各个航天器之间的夹角为60°。同样使用激光干涉法来探测引力波。此项目已经欧洲空间局通过正式立项，批准经费10亿欧元。2015年，欧洲航天局发射了技术验证卫星“LISA探路者”，并称已经通过了“考试”。LISA将在2034年左右把卫星发射上天。

除 LISA 计划外，日本也提出了 DECIGO 计划。DECIGO 是“分赫兹干涉引力波观测站（DECI-hertz Interferometer Gravitational Wave Observatory）”的英文首字母缩写。DECIGO 由 3 颗卫星组成，各相距 1 000 千米，计划于 2024 年发射。

除积极参与目前的国际合作之外，中国也提出了自己的三个引力波探测项目。两项空间探测计划：“天琴计划”与“太极计划”；一项地面探测计划：“阿里计划”。

“天琴计划”：该计划 2014 年 3 月首次在华中科技大学提出。2015 年 7 月在中山大学发起了以中国为主导的国际空间引力波探测计划——“天琴计划”。

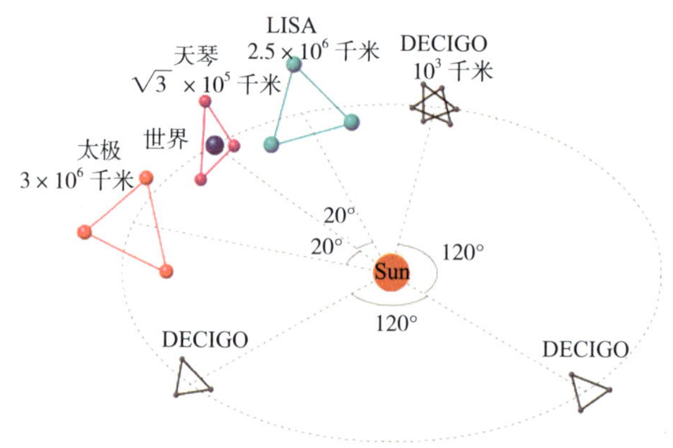

LISA、天琴、太极和 DECIGO 等计划示意图

“天琴计划”的目标是 2035 年前后，在 100 000 千米的高空地球轨道上，部署 3 颗全同卫星。3 颗卫星将构成一个边长约为 170 000 千米的等边三角形编队，组成“天琴”空间引力波天文台。“天琴一号”已于 2019 年 12 月 20 日成功发射，并实现了所有预期目标。“天琴计划”的山洞实验室，已于 2017 年 12 月在珠海动工。“天琴计划”总投资约 150 亿元人民币，预期在 15 ～ 20 年内发射。

“太极计划”：2016 年中国科学院提出了“太极计划”。发射 3 颗卫星组成编队，在绕日轨道运行。干涉臂臂长（即卫星间距离）为 3 000 000 千米。

2017 年 11 月，“太极计划”宣布，卫星将于 2033 年发射升空。

2019 年 8 月 31 日，首颗空间引力波探测技术实验卫星“太极一号”成功发射，标志着“太极计划”第一步目标已经实现。

2021 年，《自然》杂志子刊《自然・天文》发表了题为“中国空间引力波探测计划的概念与现状”的论文，这是中国科学家第一次在顶尖国际杂志上完整、系统地介绍了中国空间引力波的探测状况。同时指出如果把 LISA、“天琴”及“太极”等计划联合起来，不仅可以覆盖更宽广的空间，而且可以更加精确地确定引力波源的物理参数，从而更好地理解种子黑洞的起源及演化、宇宙的起源、演化及引力的本质特性等。

“阿里计划”： 中国科学院高能物理研究所 2014 年提出，2016 年正式批准立项，科研经费 1.3 亿元。计划在海拔 5250 米的西藏阿里地区，建设阿里原初引力波台开展对原初引力波的精确测量。

“阿里计划”探测的不是黑洞合并时产生的引力波，而是“原初引力波”。“原初引力波”是宇宙起始大爆炸时产生、经过“暴涨时期”而幸存下来的引力波，因而被喻为是宇宙诞生的第一声啼哭。发现原初引力波可以验证早期宇宙理论的正确。

“阿里计划” A1：阿里天文台，B1：阿里原初引力波台

结束语

本书是一本面向大众的科普著作，希望能让大家对神秘黑洞有所了解。追求科学性是本书撰写的原则，并在确保内容科学的前提下力求增加趣味性和可读性。由于这方面的内容涉及面广、专业性强，有些内容又不易简单解释清楚，如要作详细说明，篇幅又不允许，加上笔者水平有限，因此书中的差错、疏漏之处在所难免，至盼读者们不吝指正。